新型农民职业技能培训教材

乡村旅游服务员

培训教程

杨首乐　张淑萍　史慧俊　编著

中国农业科学技术出版社

图书在版编目（CIP）数据

乡村旅游服务员培训教程／杨首乐，张淑萍，史慧俊编著．—北京：中国农业科学技术出版社，2012.3

ISBN 978 - 7 - 5116 - 0791 - 1

Ⅰ.①乡…　Ⅱ.①杨…②张…③史　Ⅲ.①乡村 - 旅游服务 - 技术培训 - 教材　Ⅳ.①F590.63

中国版本图书馆 CIP 数据核字（2012）第 006415 号

责任编辑	杜新杰
责任校对	贾晓红

出 版 者	中国农业科学技术出版社
	北京市中关村南大街 12 号　邮编：100081
电　　话	(010)82106638(编辑室)　(010)82109704(发行部)
	(010)82109709(读者服务部)
传　　真	(010)82106624
网　　址	http://www.castp.cn
经 销 者	各地新华书店
印 刷 者	北京富泰印刷有限责任公司
开　　本	850mm ×1 168mm　1/32
印　　张	4.5
字　　数	120 千字
版　　次	2012 年 3 月第 1 版　2014 年 7 月第 4 次印刷
定　　价	13.50 元

前　言

中共中央国务院〔2007〕1 号文件明确指出，加强"三农"工作，积极发展现代农业，扎实推进社会主义新农村建设，是全面落实科学发展观、构建社会主义和谐社会的必然要求，是加快社会主义现代化建设的重大任务。我国农业人口众多，发展现代农业、建设社会主义新农村，是一项伟大而艰巨的综合工程，不仅需要深化农村综合改革、加快建立投入保障机制、加强农业基础建设、加大科技支撑力度、健全现代农业产业体系和农村市场体系，而且必须注重培养新型农民，造就建设现代农业的人才队伍。胡锦涛总书记在党的"十七大"报告中进一步指出，要培育有文化、懂技术、会经营的新型农民，发挥亿万农民建设新农村的主体作用。新型农民是一支数以亿计的现代农业劳动大军，这支队伍的建立和壮大，只靠学校培养是远远不够的，主要应通过对广大青壮年农民进行现代农业技术与技能的培训来实现。

现代乡村旅游是 20 世纪 80 年代出现在农村区域的一种新型旅游模式，尤其在 20 世纪 90 年代以后发展迅速。现代乡村旅游的特征主要表现为：旅游在时间上不仅仅局限于假期；现代乡村旅游者充分享用农村区域的优美景观、自然环境和建筑、文化等资源；现代乡村旅游对农村经济的贡献不仅仅表现在给当地增加了财政收入，还表现在给当地创造了就业机会，并给当地减弱的传统经济注入新的活力。现代乡村旅游对农村经济发展有积极的推动作用，随着有现代人特色的旅游者迅速增加，现代乡村旅游已成为发展农村经济的有效手段。根据农业部等 6 部办公厅《关于做好农村劳动力转移培训阳光工程实施工作的通知》精神，为进一步做好新型农民教育培训工作，受中国农业科学技术出版社委托，笔者组织相关院校、农业局等科技人员编写了《乡村旅游服务员培训教程》一书，作为全国各地从事农家乐旅游行业服务人员的培训教材。

本书主要介绍了乡村旅游服务员职业道德与岗位要求、休闲农业与乡村旅游、乡村旅游导游基础知识、乡村旅游服务礼仪常识、乡村旅游餐厅服务、乡村旅游客房服务、烹饪基本技术、卫生保洁基本知识等内容。鉴于我国地域广阔，农村自然条件差异大，各地在使用本教材时，应结合本地区实际情况进行适当选择和补充。

本书在编写过程中参考引用了许多文献资料，在此笔者谨向原作者深表谢意。由于笔者水平有限，书中难免存在疏漏和错误之处，敬请专家、同行和广大读者批评指正。

杨首乐

2011 年 12 月

目　录

第一章 乡村旅游服务员职业
道德与岗位要求

第一节 职业道德基本知识

(一) 职业道德的概念

职业道德是指与自身职业活动紧密联系的、具有自身职业特点的道德准则、道德品质与职业规范，也就是从道义上要求人们以一定的思想、态度、行为去待人、接物、处事，完成本职工作。它既是对本职人员在职业活动中行为的要求，又体现了职业对社会所负的道德责任与义务。

职业道德是员工基本素质的重要组成部分。良好的职业道德是员工做好本职工作的基本保证，是树立企业良好形象的重要因素。

(二) 职业道德的特点

1. 适用范围的有限性

每种职业都具有特定的职业责任和职业义务。由于各种职业的责任和义务不同，其职业道德规范的要求也不尽相同。

2. 继承与发展性

职业具有世代延续和不断发展的特征，因而是管理员工、与服务对象打交道的方法，也具有一定的历史继承性。

3. 表达形式的多样性

各种职业的道德要求都较为具体、细致，因此其表达形式多种多样。

4. 纪律性

职业道德既要求人们能自觉遵守，又带有一定的强制性。例如，工人必须执行操作规程和安全规定；军人要有严明的纪律等。因此，职业道德有时又以制度、章程、条例的形式表达，让从业人员认识到职业道德具有规范的纪律性。

（三）服务人员应具备的职业道德

1. 爱岗敬业，忠于职守

服务人员应尊重、热爱自己的职业，明确自己工作的意义、岗位职责、工作范围。只有热爱自己的工作，才能尽最大努力做好本职工作，才能在工作中不断钻研、创新。

2. 热情友好，文明礼貌

服务行业是文明礼貌的窗口，服务人员在工作中应以饱满的热情、友好的态度迎接每一位宾客，提供最优质服务。

3. 宾客至上，不卑不亢

所谓"客人永远是对的""顾客是上帝"，指在任何情形下，都要将客人的利益放在第一位，处处为客人着想，尊重客人，周到服务，但不可表现为低三下四有损人格与形象的行为。

4. 诚恳待客，一视同仁

诚信是经营之本。对待宾客，不论国籍、种族、肤色、信仰、年龄、贫富等，都要一视同仁，平等对待，童叟无欺。

5. 团结协作，顾全大局

服务行业是一个协作性很强的行业，员工在工作中应相互协作、顾全大局，充分发挥团队协作精神，认真对待和处理所遇到的困难与问题。

第二节　乡村旅游服务员职业守则

服务性行业强调的是人与人之间面对面的服务，因此，对服务员的素质要求非常必要。

1. 仪容仪表

良好的仪容、仪表会给客人留下深刻的印象和美好的回忆。仪容是对服务人员身体和容貌的要求，仪表是对服务人员外表仪态的要求。服务人员在工作中应着装整洁、大方、美观，举止端庄稳重，表情自然诚恳、和蔼可亲。

2. 礼貌修养

礼貌修养是以人的德才学识为基础的，是内在美的自然流露。对乡村旅游服务员则具体表现在言谈举止、工作作风、服务态度等方面。

3. 性格品德

性格是个人对现实的稳定的态度和习惯化了的行为方式。乡村旅游服务员应具有开朗的性格、乐于为人服务的品质，还要有耐心、宽容、合作精神，善于自我调节情绪，保持身心平衡，随机应变能力强。还应具有良好的品德，正直、诚实、责任心强，热爱旅游，热爱本职工作。

第三节　乡村旅游服务员岗位要求

1. 语言交际能力

语言，特别是服务用语，是提供优质服务的前提条件。乡村旅游服务人员要会讲流利的普通话，使用优美的语言，有令人愉快的声调，使游客感受到服务的友好热情。要能熟练使用迎宾敬语、问候敬语、称呼敬语、电话敬语、道别敬语等，提供规范化服务，并且善于用简单明了的语言来表达服务用意，进行人际沟通。

2. 业务操作技能

乡村旅游服务人员要求自身的动手能力强，反应敏捷，能够准确熟练地按照本职工作的操作程序完成工作任务，为宾客提供满意周到的服务，使宾客处处感到舒适、方便。在工作中要不断提高自己在各方面的工作能力。

3. 丰富旅游知识

乡村旅游服务员应具备较宽广的知识面和较丰富的乡村旅游知识。应懂得政治、经济、地理、历史、宗教、民俗、心理、文学、音乐、医疗以及餐饮客房运行等多方面的知识，以便与客人交流沟通，保证优质服务。

4. 注意旅游者风俗习惯、环境卫生和保密规定

乡村旅游服务员应细心观察了解不同民族、不同职业和有传统习惯的旅游者特点，尊重顾客。同时，要注意个人卫生及环境卫生。服务交谈时注意国家法律和规定，不泄露秘密，不该说的话不说，关心和保证旅客安全和环境安全。

第二章　休闲农业与乡村旅游

第一节　休闲农业与乡村旅游

（一）休闲农业

1. 什么是观光休闲农业

观光休闲农业是利用农村景观、农业活动、农村民俗文化，通过规划和开发，为人们提供兼有观光、休闲、娱乐、教育、生产等多种功能为一体的农业旅游活动，是近几年出现的生态旅游新类型。观光休闲农业的发展，将农业观光、农事体验、生态休闲、自然景观、农耕文化等有机结合起来，既满足了城市居民崇尚自然、回归自然、享受自然的需要，又促进了乡村旅游业的崛起（图2－1）。

由于我国的休闲观光农业起步较晚，目前还存在某些不足，有待今后加强、完善和提高：一是缺乏科学规划，现有的观光休闲农业基本上处于乡村和工商业主自发状态，缺少整体规划和科学认证，模式单一、风格雷同，缺少各自的独特创意；二是品位档次不高，经营规模偏小，项目内容单调，赋予特色的旅游项目为数不多，影响了经济效益提高；三是管理服务不够规范，管理人员绝大多数是原来的生产、加工、营销人员，服务人员基本上向社会招收，缺乏服务经验，整体素质较低；四是政策扶持力度不大，要素"瓶颈"现象制约和影响了观光休闲农业的发展。

2. 观光休闲农业的特点

观光休闲农业除了像传统农业为城市居民提供粮、菜、果、肉、蛋、奶及木材、日用品等物质产品的基本属性外，观光休闲

图2-1 观光休闲农业

农业的最大特点是向城市居民提供旅游、休闲功能。其休闲功能主要表现在如下5个特性。

（1）观赏娱乐性 其功能主要产生于它的意趣，例如让生活在城市习惯常居住地来到农村休闲度假的人，了解一下从离不开的农副产品是怎样生产和加工制造的；体验千姿百态的绿色植物的形、色、味等多种美感；认识遗传、嫁接、整形等多种技术手段对各类植物组合的作用等农业生产情趣。

（2）旅客参与性 就是让游客融入农业生产习作中，体验其技艺、乐趣，增长农业知识。其中根据参与主体和活动的内容其主题又可分为：无偿型参与、有偿型参与、品尝型参与、夏令营式参与、娱乐型参与、健身型参与等多种形式。

（3）市场局限性 观光休闲农业主要是针对不了解、不熟悉农业生产、农村生活的城市游客服务的，而不是为农民服务的，其客源市场主要局限在城市居民。因此，项目经营者必须认识这种市场定位的特点，针对这部分市场开拓定点和定时的休闲服务项目，以发挥最大的市场促销效益。

（4）文化性 观光休闲农业所涉及的动物、植物和人文意义的民风、民俗节事活动，都具有丰富的历史、经济、科学、精神、民俗、文学等内涵，这些素材和有形无形的物质载体是策划、配置观光休闲农业浏览项目的资料库，只有善于挖掘和利用这些要素中更多的文化内容，充分展示这些要素的内涵，才会增强观光休闲农业项目的吸引力，从而产生相应的经济效益。

（5）季节性 尽管科学技术的发展使得农业生产依赖自然环境的程度日益弱化，但是气候、季节等自然条件仍然很大程度上影响到农业生产的进程，尤其是对我国这样一个土地面积巨大的国家，不同区域城市周边的农业生产条件存在巨大差异，所以，依托农业资源展开的观光休闲农业，也表现出强烈的季节性和周期性特征。

3. 观光休闲农业的案例

浙江省新昌县休闲观光农业走出特色路

新昌素有"八山半水分半田"之称，地质地貌独特、水文气候具有多样性，动、植物资源丰富多样。特色农业优势产业有大佛龙井、名优水果、高山蔬菜、花卉苗木、特种养殖等；人文景观和自然景观共有300多处，地方民俗特色鲜明，加之有良好的旅游市场基础和便捷的交通条件，综合资源优势十分明显。同时，农业产业化经营和生态高效农业快速发展，国家级无公害农产品基地达35个，已注册农产品商标92个。这些都为新昌休闲观光农业的健康发展奠定了扎实的产业基础。近年来，新昌充分发挥优势，通过加强引导，整合协调，政策扶持，有力地推动了休闲观光农业的发展。

目前，新昌已建成或正在启动建设的休闲农业开发项目有20多个。新昌休闲农业开发主要类型大致可分为4种：一是体验农园型。如西山果业休闲观光园，通过开发果园、茶园、花圃等，让游客入内摘果、采茶、赏花，享受田园乐趣，达到休闲效果。二是休闲农庄型。由该县现代水产发展有限公司建设的瑞和度假会、该县天姥园艺发展有限公司建设的木樨山庄，集棋牌、餐饮、客房等功能于一体，农庄内不仅有山庄、草亭等园林建筑，还有供游客采摘游玩的百果园，并增添了垂钓、烧烤等设施。游客除了观光休闲，享受乡土情趣外，还可以住宿、度假、游乐。三是农业公园型。如浙东茶叶良种场，把农业生产场所、农产品消费场所和休闲旅游场所结合于一体，成为理想的休闲观光场所。四是森林游乐型。如新昌七盘仙谷林业观光园，以自然森林资源为依托，让游客回归自然，感受清新的空气和大自然的美妙。

根据新昌农业农村现代化总要求，制定和完善《新昌县休闲农业发展规划》，并把休闲农业发展纳入"十一五"农业农村发展规划和旅游总体规划。今后5年，围绕三景（大佛寺、罗坑湖、穿岩十九峰）、三江（新昌、澄潭、黄泽）、三山（天姥山、罗坑山、安顶山），重点培育科技型、创新型、规模型、带动型强的休闲农业项目，着重抓好现代渔业示范区、七盘仙谷观光林业园、西班牙农业风情园、生态植物园、天姥山森林公园、天姥桂花园、茶业博览园、西山名优水果观光园、来益生态农业生态示范园、芦笋栽培观光园10大项目，逐步形成具有新昌特色的休闲农业示范带。

新昌将进一步完善规划、科学布局，建设形成"三区六中心一走廊"的休闲农业发展格局，即构筑中部的休闲农业区域、东部的主题农业区域、西部的体验农业区域，建成名茶物流、农耕文化展示、名果名花引繁、观赏鱼繁殖、休闲垂钓、高山康体保健6大特色中心，形成东西走向弧形放射状的休闲农业观光度假长廊。通过5年的努力，建成一条以县城为中心，东起大市聚，西至镜屏乡，长50公里，覆盖面积500平方公里，年创收5亿元的休闲农业示范带，显示"五彩农业"的特殊魅力，发挥"一线串珠"的集聚效应。

（二）乡村旅游

1. 什么是乡村旅游

乡村旅游是指利用乡村独特的自然环境、田园风光、生产经营形态、民俗风情、农耕文化、乡村聚落等资源，吸引旅游者前往观光、游览、学习、体验、娱乐、餐饮、购物、休闲度假的旅游经营活动。它具有乡土性、地域性、休闲性和参与性等特点（图2-2）。

图2-2 乡村旅游

2. 开展乡村旅游的意义

发展乡村旅游，能刺激旅游市场的进一步繁荣，有效地提高农民的生活水平，推动农业经济的发展，促进社会主义新农村的建设，并且可以在生态保障和文化传承等方面，发挥它的特殊功能。

（1）刺激旅游市场繁荣 通过开发丰富乡村旅游产品的内涵，可有力刺激城镇居民的旅游消费市场，拉动内需，大大增强了旅游业的发展后劲。

（2）增加就业、增加农民收入 乡村旅游可以有效地带动乡村种养殖业、农副产品加工业、运输业、装修业、建筑业和文化产业等的发展，优化农村产业结构，实现传统农业和旅游业的融合发展。为农村劳动力的就业提供了机会，也提高了农业附加值，有效增加了农民总收入。

（3）推动了农村面貌的改善与社会主义新农村建设　乡村旅游，加快了农民住宿条件、农村的交通条件、农村的卫生条件的改善以及提高了农民的环保意识，加快了社会主义新农村的建设步伐。

（4）促进生态环境的保护与传统文化的传承　首先，农民在参与旅游接待的过程中，逐渐提高了环保意识，开始关注环境，注重环境保护，这为农村旅游的可持续发展奠定了基础。其次，通过充分挖掘和利用当地乡村的传统文化资源，必然使这些文化资源得到更高程度的重视和更加合理的保护整理。

3. 乡村旅游的类型

根据国家旅游局的分类标准，目前，我国乡村旅游主要有以下 7 种类型：

（1）农家乐乡村游　农家乐乡村游是最具有中国特色的乡村旅游，也是目前我国乡村旅游的最主要的表现形式。它主要是以乡村生态景观、乡村风土人情和农民生产生活为资源，以家庭为具体接待单位，主要以低廉的价格为游客提供乡村风味的餐饮、住宿、娱乐以及简单的农事活动和农家产品。农家乐这种经营形式一般具有投资少、风险小、见效快、经营灵活等特点，如北京平谷农家乐、四川成都龙泉驿红砂村农家乐、河南栾川重渡沟农家乐等。

（2）村镇型乡村游　即依托古镇、民族村寨宅院建筑和新农村建设格局为资源开展的访古、探幽、休闲、体验、研究、学习等乡村旅游活动，如山西乔家大院、云南瑞丽傣族自然村、河南临颍南街村等。

（3）现代农业科普游　即利用农业科技观光园、农业科技生态园、农业博览园或博物馆，为游客提供了解农业历史、学习农业技术、增长农业知识的旅游活动，如陕西杨凌全国农业科技观光园、北京小汤山现代农业科技园、河南省农业高新科技园等。

（4）农业产业聚集型旅游　即利用规模化的农业产业活动和风貌，开发林果游、花卉游、渔业游等不同特色的主题旅游活动，如山东烟台葡萄园、四川泸州张坝桂圆林、河南鄢陵国家花木博览园区等。

（5）民俗风情型乡村游　即以乡村风土人情、民俗文化为旅游吸引物，充分突出农耕文化、乡土文化和民俗文化特色，开发农耕展示、民间技艺、时令民俗、节庆活动、民间歌舞等主题的旅游活动，如贵州苗族民族村寨、山东日照任家台民俗村、河南商丘王公庄画虎村等。

（6）乡村休闲度假游　即在远离都市，环境优美的山地、湖泊、瀑布、温泉、溪流、海边等建设度假村或度假山庄，提供集住宿、餐饮、娱乐、健身、购物、休闲度假、景区游览于一体的服务，是都市家庭、商务客人休闲度假、会议比较理想的选择，如广州梅州雁南飞茶田度假村、湖北武汉谦森岛庄园、河南郑州丰乐农庄等。

（7）回归自然乡村游　即以乡村优美的自然风景、奇异的山水、绿色森林等资源，开展观览、登山、滑雪等游乐活动，让游客感悟大自然、亲近大自然、回归大自然，如草原赛马、乡村高尔夫等。

第二节　如何开办"农家乐"旅游

（一）什么是"农家乐"

"农家乐"是以城郊或乡村的农户家庭为接待单位和地点，以城郊或乡村的田园风光、自然景色、农业旅游资源、地方民俗文化、周边旅游景点为旅游资源，以为游客提供住宿、旅游咨询或观光旅游活动项目的一种新型旅游形式。它是以"吃农家饭、品农家菜、住农家屋、干农家活、享农家乐、购农家品"为主要内容的一种新兴旅游活动。

农家生活使越来越多城市人向往，以"吃农家饭、住农家屋、享农家乐、观农村山水"为主要内容，以回归自然、放松身心为目标的乡村旅游逐渐受到市场和社会的广泛关注与认同。它的兴起，丰富了城市居民的闲暇生活，拓宽了农民的致富门路，也带动了假日经济的发展，取得了较好的社会效益和经济效益。

"农家乐"三个字包含三种含义，"农"是指农村的风貌，"家"是指村民的日常生活，"乐"是指田园乐趣和乡土文化，三者合起来才是完整的"农家乐"。游客选择农家乐的动机可以归纳为以下几点：健康的需要；返璞归真的需要；放松心情的需要；求知的需要。

农家乐的消费对象主要包括崇尚自然生态者、乡俗好奇者、健身爱好者和怀旧复古者。从客源主体上看，最稳定的客源是受教育程度较高、经济条件较好的城市中等收入人群；从旅游动机上看，观光占一定比例，度假休闲的比例在逐步提高；从游客年龄上看，年轻人、背包族所占的比例在逐年上升；从游程来看，以短程旅游为主，在农家乐旅游地逗留的时间正在逐渐延长。

（二）农家乐的经营行为规范

农家乐经营户开展的经营活动应符合有关法律法规的规定，并遵循自愿、平等、公平、诚信的原则，遵守职业道德，热情为游客提供质优价廉的产品和服务。

1. 农家乐经营户不得采用欺骗手段从事经营活动

包括以低于正常成本价的价格进行经营；不明码标价，质价不符，有价格欺诈行为；制造和散布有损其他经营户形象和商业信誉的虚假信息及言论；为招徕游客，向游客提供虚假的服务信息；其他被旅游行政管理部门认定为扰乱旅游市场秩序的行为。

2. 农家乐经营户不得向游客介绍和提供含有违法内容的服务项目

含有损害国家利益和民族尊严内容的；销售或者制造假冒伪劣产品，损害消费者权益的；含有民族、种族、宗教、性别歧视内容的；含有淫秽、迷信、赌博、色情内容的；含有其他被法律、法规禁止内容的。

（三）农家乐经营误区

1. 追求豪华

个别地方的农家乐，院落建得像别墅，豪华阔气，装修精美，俨然一副城市宾馆的气派。游客到农家乐，就是为了感受一下乡村的气息，体会一下农村的生活，享受一下田园风光的无限乐趣。他们并不是为了到农村去住宾馆和豪华别墅。相反，乡村的"野"（自然）、"土"（原生态）正是游客们渴求领略的目标。

2. 风格雷同

有些地方开展农家乐，追求整齐划一，即房屋造型一致、经营方式相同。这显然违背了农家乐发展要讲究特色的原则。发展农家乐要统一规划，不能乱建乱盖，但并非意味着在风格上雷同。若村庄房屋造型各具特色，各家屋内摆设风格迥异，经营手段也不尽相同，这样对游客更加具有吸引力。

3. 项目单一

有些农家乐只为游客提供吃喝，其他项目一概没有。游客到农家乐不只是为了吃喝，还为了玩乐。玩不起来，乐不起来，也就不叫农家乐。随着社会发展步伐的日益加快，现代游客更注重新潮、差异、新鲜。他们来农家乐既要吃好，突出"土特"、"野味"，又要玩好，蹬蹬水车、推推石磨，去田野、山林转转，去风景名胜逛逛，购买农家土特产……这样的田园生活才是他们的渴望与追求。

4．单打独斗

开展农家乐，不但要体现各家各户的特色，更要联起手来，取长补短，共同发展。不少农户只是你发展你的，我发展我的，互不往来，互不配合，互不支持。这样势单力薄，势必造成单打独斗的不利局面。而相互配合，共同发展的最大好处是可以扬长避短，取得别人支持，实现共赢。

5．目光短浅

有的地方开展农家乐，不从长远考虑，只顾眼前利益，对游客的服务不热情、不周到，有的地方甚至出现"宰客"现象。原本比较便宜的饭菜，价格随人就市，遇见熟人、本地人就低，遇见生人、外地人就高，有的还和游客发生矛盾、纠纷等。这既不利于自身吸引回头客，也影响了当地的声誉，阻碍了当地农家乐的进一步发展壮大。

（四）农家乐的经营诀窍——突出地道的乡土味

农家乐是"吃、住、行、游、购、娱"六大要素的集合，对于这种特殊的旅游方式来说，与观光旅游不同之处就在于：它并不是让游客在一个景区匆忙地拍一大堆照片，以证明自己曾来过，它需要的是一种绝对不同以往、与自己生活截然不同的让人彻底放松的方式。只有把乡土性和原生态贯穿于旅游活动始终，才能使农家乐旅游明显区别与其他类型旅游活动，才能在旅游市场中占得一席之地。要找准切入点、突出乡土特色。因为农家乐传播的是乡土文化，体现的是淳朴自然的民风民俗，盲目追求豪华高档，简单地把城里的一些娱乐项目搬下乡并不可取，必须依托当地文化，因地制宜。如春天组织游客踏青、欣赏田园风光、种植蔬菜，夏天到山林采蘑菇、采摘新鲜果蔬，秋天进果园摘果尝鲜等。让游客参与到当地特有的农村日常生产生活中，品味原汁原味的农村地域文化，这是一种独特的经营方式。

1．景观要具有原生性

原生性是"农家乐"的根本特性，"农家乐"因原生而存在，因原生而精彩，因原生而吸引人。田园风光、泥土芳香、农舍民情，其真正的优势在"土"字，在其原生性，这些才是吸引城里人的法宝。

2. 房屋要体现农家特色

自家屋里的乡土气息、农家趣味正是城里人所期待、希望、追求的。因此，农家乐不能搞都市化、高档化。就农家乐的经营场所来说最好是竹篱茅舍，院子里果树繁茂、瓜藤上墙、鸡犬相闻，推门出院子是户对鹅塘、阡陌相向。这样一幅原汁原味的农家屋舍图，一定能让旅游者体会到自然之乐、农家之乐。

3. 农家饮食要土制土吃

农家饮食要力求"土味"和"野味"，菜品的原料要本地种植的蔬菜和养殖的鸡鸭鱼，烹饪方法要按照传统的家常味，如饭要竹笼蒸，菜要土碗装，柴也最好用茅草或秸秆。此外，游客也可以自己到菜园摘菜，下厨掌勺亲自做一餐农家饭。河南的地方特色菜品和小吃品种丰富、味道鲜美，在农家乐品尝这些美味更是叫人回味无穷。

4. 娱乐活动要丰富多彩

现阶段农家乐的娱乐活动不外乎是唱唱卡拉OK、搓搓麻将、玩玩纸牌和看看录像，这让旅客丝毫没有新奇的感觉。因此，要从"原味"的角度展示农事活动：插秧、拾穗、割稻、浇菜、牧牛羊、饲鸡兔，让游客短时参与并配以讲解示范。也可以考虑让戏曲、魔术、杂技走入农家乐，供游客观赏娱乐。如有兴趣的游客可观赏木偶和皮影表演，学习剪纸。若把童年游戏重现，例如跳皮筋、扔沙包、跳房子和踢毽子，一定能让游客从心理上把童年的记忆和农家乐的旅游体验联系起来，增加他们对农家乐的认同感，追忆童年的美好时光。

5. 旅游商品要有农家特色

农家乐旅游业植根于农村，与农业生产息息相关。农产品可以跳过流通环节直接到达消费者手中，这种带有"土味"和

"野味"的农产品作为旅游商品可以让游客延续在农家乐旅游的快乐和回忆，如一块用农家土法熏制的腊肉，农户自家果园菜园里出产的瓜果蔬菜，具有农家特色的各种实用的日常用品。农家乐也可以对游客出售货真价实的地方土特产品。

（五）农家乐的经营形式

1. 村民独立发展

表现为个体经营户或个体农庄，适于乡村经济条件较好，自身交通等基础设施相对完善，村民无须通过外来资金的注入即可提供乡村旅游接待服务的地区。

2. 农户联合型

在远离市场的乡村，通常是"开拓户"先开发乡村旅游并获成功，在其示范带动下，农户们加入并学习经验和技术，短暂磨合后，形成农户联合型旅游开发模式。其特点是投入少、接待量有限、乡村文化保留完整、旅游带动效应有限。

3. 村支两委＋村民

村集体经济较为发达，有条件为村民的旅游经营提供基础设施和接待设施，或者基层组织具有较强的组织协调能力，以股份制等形式对村民所有的乡村旅游资源进行改造和项目建设，使之成为一个完整意义的旅游景区（点），能完成旅游接待和服务工作。

4. 政府＋村委＋村民

为加强乡村旅游统筹布局，避免乡村旅游的发展中出现的恶性竞争现象，政府部门介入，通过与村委和村民的沟通进行综合整治，规范乡村旅游市场秩序，如江西婺源县以政府牵头、各村镇入股、村民参与各项接待服务，共同组建了旅游发展公司。

5. 政府＋旅行社＋农民协会＋村民

这是当前最常见的乡村旅游经营模式，即由政府负责乡村旅游的规划和基础设施建设，优化发展环境；旅行社负责外拓市场，组织客源；农民旅游协会负责组织村民参与文娱表演、导游讲解、食宿供应、工艺品制作等。这类模式中，贵州"天龙屯堡模式"最具代表性。

6. 外来企业经营

主要适用于那些资源开发条件较好，但经济发展相对落后，一次性投入较大且村委与当地政府均无力承担的地区。通常采取由外来企业以买断或租赁的形式取得该地区旅游资源的经营权的方式。目前，一些大型的较为独立的乡村旅游景区一般都是这种模式。

7. 外来企业＋农民协会＋村民

主要适用于具有一定资源条件或经济条件的乡村地区。模式的方案一般为：外来旅游企业投入资源开发的全部或部分经费，主要负责经营管理和商业运作；村民以土地、乡土旅游资源或部分资金入股，在公司赢利后分红；由村民组成农民协会出面与企业进行谈判、交涉，并对村民的利益进行协调管理。

（六）经营"农家乐"的程序

1. 相关手续办理

加强农家乐的管理，规范农家乐经营所需手续，是引导经营户健康规范发展的必然选择。下面是一些常规的许可证照。

（1）工商营业执照　工商营业执照是经营一切行业所必需的最基本的证件。

（2）卫生许可证　我国的乡村旅游经营大多还处于发展的初期阶段，大部分农家经营只开办一般的餐饮和游乐项目，因此，只需办理工商管理营业执照和卫生许可证即可。

（3）从业人员身体健康合格证　从业人员须办理健康证，有外雇人员，还要办理暂住人口登记证等。

（4）排污许可证　排污许可证的发放是为了加强农家经营业主的环保意识，不允许排放物破坏当地的环境生态。

（5）消防许可证　对于提供住宿服务的农家经营户，须办理消防许可证或者消防部门出具的消防意见书。

（6）文化经营许可证 对于设有歌舞厅等文化经营项目的农家经营户，还得办理相关的文化经营许可证。

2. 办理手续的程序

办理农家经营各种许可证步骤如下：

（1）到卫生部门办理卫生许可证。

（2）凭卫生部门的卫生许可证，到工商部门（或是当地便民中心）办理营业执照，并提交以下材料：卫生许可证复印件；业主的身份证复印件1份，照片3张；经营场地证明（属公有产权的出具产权单位证明，私有房产出具私有产权证〈复印件〉，出租的出具双方租赁协议书及出租产权证〈复印件〉）；个人合伙经营的，出具合伙协议书；如果不是开店所在地户口的还要出具居住地的个人婚育证明及现暂住地的暂住证明。有关技术行业证件，如厨师、机动车驾驶员、特种设备操作人员、专业救护人员等涉及安全工作的人员应持有相应的职业资格证书和岗位技能证书上岗。

基本过程如下：持以上有关证件到工商行政管理所的"个体工商执照办理办公室"领取"个体工商户申请开业登记表"；根据要求填写表格并交予相关工作人员；工作人员确认材料齐全并开具受理通知书；提交的证件齐全，手续完备，符合条件的，工商部门于7日内办理完营业执照（法定期限为30日）。

（3）全体从业人员，统一到有关卫生部门接受体检，体检合格后由卫生部门统一发放从业人员健康证。

（4）有些地区的农家经营户须到环保部门办理排污许可证，而多数地区的环保部门只要求一些大型的经营户到环保部门办理排污许可证，以确保排污符合环保要求。

（5）如果经营户营业项目中有住宿，则需要向公安部门出示有关文件资料备案，由公安部门出具意见。

（6）向消防部门提出申请，由消防部门检查经营户的硬件设施设备是否具备经营条件，消防安全是否合格，出具消防意见书。

（7）如果经营户开设有卡拉 OK 厅、歌厅、演出、文化产品经营等项目，则需要到文化局主动申请，由文化局对其条件认定后，办理文化经营许可证。

（8）如果经营户开设户外体育活动项目，则需要请体育行政部门对其设施设备进行检查，确保设施设备合格，具备安全条件，且相关体育项目的教练及游泳池救护员等具备相应资质，由体育部门签署意见，同意开展户外体育活动项目。

（9）如果需要举办旅游节庆主题活动，需要报工商、文化、宣传等部门进行审批，然后可通过媒体广泛宣传，吸引更多的游客。

（10）如果开发的是大型的乡村旅游项目，还需要做以下工作：

①购买取得经营权或通过政府招商引资开发此项目：其土地使用权的转让须有土地主管部门的批复，再通过商务局批准合同，通过公证处公证。

②乡村旅游经营户开发立项报告（说明开发程度，投资规模、经营项目等）：报当地政府经济发展改革委员会。

③乡村旅游经营户的开发规划或方案，即可行性报告，报当地政府及相关的环保、财政、金融、建设部门等批准。

④通过环保局委托相关单位或专家对环境影响进行评价：出具环评报告，以此为结论来评定乡村旅游经营户具体的营业条件，并对不合格项目进行整改。而文化、工商及相关部门以此环评报告为依据，来确定是否核准其经营资格。《建设项目环境保护管理条例》第九条规定：建设项目"需要办理工商营业执照的，建设单位应当在办理工商营业执照前报批"环境影响评价文件。如果此项没有通过，环保部门有权停止乡村旅游经营行为，甚至取消其经营资格。

第三节 游客体验项目的设计

体验是人们与外界事物、他人互动的结果，是一种伴随美好情感的回忆；体验是一种新的价值源泉，它让消费者身临其境，获得独特的感受，从而创造出新的消费价值。旅游体验设计就是将旅游者的参与融入设计中，以旅游者的参与为前提，以旅游体验为核心，把服务作为舞台，产品作为道具，环境作为布景，使旅游者在旅游中获得美好体验的过程。

旅游地开发，应立足于创造游客难忘的经历和感受，即以游客体验为中心来选择、利用资源，开发旅游项目，这也是旅游地发展的方向。以游客体验为导向的旅游开发模式，突破了资源的局限，通过对同一资源体验方式和体验深度的改变，创造出不同的体验效果，吸引游客重复消费，使旅游地获得持续发展。旅游活动的目的是为游客创造一次难忘的经历，景区提供的产品——旅游项目、设施、活动都是为形成游客独特体验服务的。因此，一切从旅游者的角度出发，研究旅游者乡村休闲游时所接触的情景，研究旅游者的需求，设计旅游者的体验，以游客体验为中心，构建一个不断更新、丰富且多样的游客体验系统，是乡村休闲游开发的新模式。

（一）视觉设计

视觉设计是一个乡村旅游景区最基本的设计，视觉设计就是研究景观，以观为主体。

1. 建筑景观

乡村的建筑景观就应该有乡村的特色，而不是东施效颦模仿城市建筑，所以乡村的建筑景观和乡村的整体环境应该和谐统一。要营造有田园诗意的乡村旅游点，就应该对乡村旅游点居民盖房进行约束指导，不允许建与总体风格不相协调的建筑物。休闲农庄、休闲山庄游客休憩区建筑不得超过三层，以尽量避免人为因素对自然环境景观造成的负面影响，使休闲农庄有一个美好宁静的田园景色，使游客摆脱城市喧嚣，身心安宁，融入自然。

2. 文化景观

乡村文化景观是乡村文化的重要载体，应体现乡村文化特色，木制大水车、石磨、栩栩如生的水牛雕塑等都是不错的点缀小品，茅草房外，水车不停地把水拉来拉去，石磨把毛驴拉着转个不停，各种各样的农具既陌生又熟悉。绝不可把城市街头、公园常见的现代主义雕塑照搬到乡村休闲游，因为乡村休闲游正是以与城市决然不同的乡村文化来吸引城市居民，如果游客来这里看到的是和城市一样的文化景观，游客就体验不到这里的乡村文化。

3. 环境景观

发展乡村休闲旅游要美化环境，提升环境质量，让人置身于一种清新、安静、优美环境之中并得到享受。可根据原有特点和优势，精心设计，让游客真正感受到环境的震撼力和吸引力，让游客流连忘返，想在这里住下来，生活下去。只有这样才能解决目前低层次"农家乐"留不住游客的问题。乡村旅游区内大多分布有很多小湖和供游人垂钓的鱼塘，堤上光秃秃的，没有花草没有树，由于水位升降影响，泥石裸露，观赏效果欠佳，可以在湖堤上种植桃、柳等姿态飘逸的树种，并在树下设置水泥仿木桌椅凳子以供游人小憩或垂钓。种植月季、夜来香、栀子花等能散发香味的花，在堤下种植枫香、紫藤等以遮盖泥石裸露部分，达到湖岸、碧水、绿树、白云、蓝天、倒影共处的如诗似画的景观效果。这样，游人可在湖边流连，慢慢游赏；垂钓爱好者也不用害怕夏天的酷热，在树下阴凉处悠闲垂钓。景区内小桥、亭子、指示牌、桌、凳、垃圾桶、厕所都应古朴，仿若天成，与自然融为一体，体现出和谐美。

4. 视线走廊

在整个游览过程中，游客会形成一个视线走廊，要使游客保持一个美好的视线感觉，有的地方需要贯通，有的地方需要遮蔽，总体来说应该是形断神不断，作用是通过视线走廊把各个景观连接起来。无边无垠的小麦绿油油的一片，或是金灿灿一大片油菜花，会形成较强的视觉冲击力甚至是视觉震撼。春天，来到乡村休闲旅游点，租一辆自行车，在乡间小路上穿行，首先映入眼帘的是金黄的油菜花，蜂飞蝶舞，充满了生机和活力；绿油油的小麦，起伏的麦浪如同绿色的绸缎在空中舞动；穿过满眼青翠令人赏心悦目的蔬菜园，粉红的桃花又跃入眼帘，桃林到了。这样的视线走廊，简直是一场视觉的盛宴。

（二）活动设计

1. 农业 DIY

发展作物（比如葡萄）采集、加工、消费游客 DIY 的体验农业模式；可以开展"花农"赛、"菜农"赛、"果农"赛，让游客亲手采摘蔬果食用，还可亲自下厨烹调这些新鲜蔬菜，享受纯天然绿色美味。学习制作干花、香精、艺术插花等，到茶园采茶学习制茶。

2. 农耕体验

"做一天农民"深度体验活动项目之一，像农民一样耕田、种地，挖红薯、挖花生等，体验农耕的辛劳与乐趣。划船采莲垂钓体验：还可坐在船上，在荷叶间悠闲地垂钓。

3. 乡村露天电影

体验在闪烁的星空下、在明月的清辉里观看电影的感觉。城市的游客第一次露天看电影，感觉必定新奇而兴奋，年轻的情侣感觉诗意、浪漫、温馨。年纪稍大一点有过下乡经历或是童年在乡下度过的，露天电影勾起了他们一串串的回忆……

4. 乡村露天看戏

露天看戏是乡村很隆重的一项娱乐内容，一般是哪户人家有了大喜事才请戏班子到村里来唱戏。唱戏那天，附近的村民便会早早地吃过晚饭，相约着来到戏场等待演出开始，小商小贩也会早早地来到戏场摆摊设点，卖一些零食、香烟、冰棒、汽水等冷饮，整个戏场像过节一样热闹。

（三）声音设计

普通景区都会设置背景音乐，但乡村休闲旅游点不同于一般的景区，乡村的鸡鸣犬吠，鸟叫虫鸣更显出了乡村的宁静。在农业景区播背景音乐反倒破坏了大自然的宁静。因此，乡村休闲旅游的声音设计应为将噪音降到最低，让游客可以听到乡村特有的鸡鸣犬吠，鸟叫虫鸣。

（四）嗅觉设计

嗅觉设计以清为目的，首先要清新，进一步要清香，田野里空气清新，春有花香，秋有果香，气味清香。但是容易有这 3 种难闻的气味夹杂其间：农户生活垃圾散发出的恶臭、粪池和菜园里的粪臭、鱼塘边可能有过浓的鱼腥味。为了让游客有更好的体验，可以采取以下一些措施，尽量避免让游客闻到这些影响他们体验的气味：加强村民和农场内居民环境卫生教育，引导他们定点倒垃圾，统一运走垃圾；不允许设置露天粪池；开展农家乐的农户要重建可冲水厕所方可营业；在鱼塘边种植月季、夜来香、栀子花等能散发香味的花，冲淡鱼腥味，让游客在鱼塘边游赏、垂钓时感觉更舒适、惬意。

（五）触觉设计

1. 亲水戏水

在清澈的湖水中划船游览，游人会情不自禁地去触摸那水，先是把一只手伸进水里，然后忍不住把脚也伸进去亲水、戏水，与清澈得让人陶醉的湖水进行亲密接触。特别要注意提醒游客注意安全，不可忘形跌落水中，景区也要采取一定的安全措施。

2. 摘菜采果

当游客亲自去采摘还带着露珠的蔬菜，光滑细腻，触感非常好，手指接触鲜嫩蔬菜时感觉非常愉悦。去果园亲手采摘水果，触摸那还带着细毛的水蜜桃，光滑的油桃，柔软娇嫩的草莓，体验果农丰收的喜悦。

3. 全身心的触觉设计

这里没有过多的时尚与繁华，却有独特的宁静与意境，静静地看乡村日落与月升，都是如此美好。游客一年四季无论什么时候来，欣赏到的都是花的海洋、菜的世界、瓜果的天地，流连忘返。在山水田园中欣赏自然风光，在农家小院里感受民俗风情，在收获喜悦中体验现代文明，在田园婚典中感受真正的浪漫，在这里，居民、工作人员、游客的真诚、友善与互助无处不在，人们脸上的似乎写着幸福、纯真和从容，简简单单的一个微笑就会触动你整个的身心，让人陶醉，真正体验"诗意田园，浪漫乡村"。一切都是如此和谐美好，乡村休闲游不仅有风景美，自然美，更有现代社会越来越稀缺的人情美，令游人如沐春风，令游人流连忘返，乐不思蜀，一次次地重游。

表2-1为目前我国各地农家乐旅游的一些体验项目。

表2-1　我国各地农家乐旅游的一些体验项目设计

项目名称	具体项目
做一天牧民或渔民	马术表演、马球比赛、绕木桶、马上篮球赛，狩猎、放牧、手工挤奶，骑骆驼、开越野车、滑沙，异域风情、歌舞表演、滩涂船速滑、挖沙蛤、打紫菜、潜水、堆沙、水上射击、摇橹接力、沙滩自行车、爬顶桅杆、船头拔河、跳伞、渔家垂钓、锦鲤喂养，游泳、划龙船、戽水、踩龙骨车、采菱角、剥莲子比赛、龟、鳖、鳟鱼等水产品饮食、荷花全席、摸鸭子、篝火烤全羊等
冒险旅游和体育健身项目	定向越野、寻幽探险、漂流、冲浪、空中滑翔、帆伞运动、喷汽船、游泳比赛、赛马、露营、水上高尔夫、网球、溪降、穿越、溜索、打木球、练武术、骑山地自行车、滩涂滑泥、滑草、桑拿浴室、卵石健康路、香花治疗室、中草药茶厅、棋趣广场、农村传统健身器等

（续表）

项目名称	具体项目
学生学习体验之旅	水果采摘、看红叶、山水写生、徒步旅行、登山、参加农事活动、滑雪、野营、农村科普长廊、电化教室、录像演播厅、开放式实验室、温室大棚，观看农作物切片的组织培养、小鸡孵化、辨别蝴蝶、飞蛾、杂草等动植物的标本，烧窑、作坊、陶艺作品展览厅等。
当一天农民	春天参与播种、插秧、耕作、扬谷、脱粒、舂米、吊井水、点豆、种花、养鸟等；秋天采摘瓜果梨桃、种植蔬菜、喂鸡放鸭，做民间菜点、收割稻麦、摘棉花、掰玉米、挖土豆等。其他可学做刺绣、学习竹编、草编工艺、农民版画，学做农家风味小吃、打年糕、包粽子、品尝水果、糯米香茶、烤地瓜、磨豆腐、车水，参与农户婚嫁迎娶等
产品化链条体验旅游	从采摘各种农产品，到送去工厂加工装罐，到出售等
老年乐园（酒茶文化）	"学书画农家游"，请书法家、画家任教开讲座；茶文化讲座、观茶、种茶、采茶、制茶、茶道、茶膳；酒文化讲座、酿酒、品酒、酒疗、酒俗、酒艺；老知青重返农家种菜种瓜、聊天、打牌、下棋等抚今追昔游；天然氧吧、中秋赏月诗会、重阳敬老活动等
特色农家乐	支锅野炊、围绕篝火打歌、看花灯、农家评弹、彩绘麦田、建植物迷宫、乘坐畜力车、养殖（突出特色，避免常规品种）；开展特色表演；观看野猪野鸡打斗、野猪野兔赛跑、钓虾钓蟹比赛、斗蟋蟀、斗牛、斗羊、小猪排队站列表演；种植、种花、赏花、花浴、花疗、花艺，种植新型水果蔬菜，如美国黑树莓、台湾青枣、西番莲、佛肚竹、大红桃、台湾脆桃、食用仙人掌等
农家美食文化	山珍野菜、野生菌宴、野花、芦荟、茉莉花炖鸡蛋，炒芭蕉花、炒酸角叶、炒甘蔗芽、甜菜汤、绿色食品、鸡、鸭、鹅、鱼、兔等特色烹调，各地特色饮食、风味小吃等
少儿农庄与"领养制"	踢毽子、踩高跷、滚铁环、射箭、玩弹弓、抬轿子、堆沙、荡秋千、抖空竹、摇水车、捉鱼、粘鸟、造琥珀、剪纸、刻蜡版、放鞭炮、乒乓球、滑梯、吊床、儿童乐园、翻腾蹦床、冲天太空舱、空中索道、富斯特滑道以及"领养"动植物等
宠物农家乐	以金鱼、热带鱼、宠物狗等为主，修鸡宅、鸭寨、鹅园、鸽宫、孔雀院、小鸟天堂、猪邸、马房、牛王府、羊庄、驴舍、狗别墅、兔公馆、鼠红楼、鹿苑、猴山庄、蛇王国等，满足游客对宠物的嗜好

（续表）

项目名称	具体项目
岁时节令、节庆游	元宵节的观灯、跑旱船、耍龙灯、观焰火、拜庙等活动，中秋拜祭、春节年饭、祝寿习俗、婚庆习俗、生养习俗。蒙古族"那达慕"、藏族"跳神会"、跳锅庄、高山族"丰收节"、白族三月街、背新娘、黎族的火把节、壮族歌圩节、畲族三月三等
民俗建筑、古村落、古建筑、历史文化游	四合院、天井院、云南"一颗印"与"三坊一照壁"民居、蒙古包、客家五凤楼、藏族方室、碉房、彝族土掌方、傣族土楼、苗族吊角楼、新疆地铺民居等不胜枚举。历朝历代遗留下来的众多名古村落、古桥、祠堂、古坊、古庙、古碾、古楼、水乡、宗祠文化、民间传说、历史古典、名人胜迹、道观佛寺等
农家乐主题活动	以瓜果时节为主题：如南瓜艺术节、西瓜艺术节、珍奇蔬菜文化节、盆景艺术节、樱桃节等；以节日习俗为主题，如清明踏青游、白族赶海会、苗族龙船节等
户外拓展训练基地	野外健身活动场、生存游戏、协作配合游戏节目、野营、自助旅游项目、天然浴场、徒步、摩托车沙漠越野、滑水、帆船、攀岩运动、丛林野战、荒岛探险、登山、沙滩足球、海上冲浪、摩托艇、潜水、牵引伞、木排漂流等
连点成线农家乐	把几家各具特色的农家乐或是几个村不同风格的农家乐组成一条旅游线路，发挥各处特长，建立大农家旅游概念
其他	森林嘉年华、巡游花车、农器具展览、根雕、泥塑、做盆景、陶塑、制作风筝、放风筝、烘槟榔、温泉游戏、卡拉OK、夜总会、隐居等

第三章 乡村旅游导游基础知识

第一节 导游基本常识与礼仪

（一）乡村导游员应具备的素质与要求

1. 乡村导游员应具备的素质

作为一名乡村旅游的导游员，必须具备优良的素质，包括基础素质、行业素质、职业素质。

（1）基础素质 要做到遵纪守法，热爱讲解工作，为游客提供真诚的服务并维护其合法权益。

（2）行业素质 乡村导游员担负着当地"解说员"的角色，应该熟悉当地景点以及设施情况。乡村导游员应掌握一定的旅游知识，包括与当地旅游相关的历史、地理、宗教、民俗风情等方面的知识。乡村导游员如果能以一种都市游客更能接受的方式展示热情、好客的话，将使乡村旅游更具吸引力。因此，乡村旅游导游员要学习礼仪知识，提高自身素质。

（3）职业素质 导游讲解工作是一项脑力体力双重付出的工作，乡村旅游导游人员要能保持良好的精神状态，能独立承受各种压力，做到心态平衡。乡村旅游导游人员要具备多方面的综合能力。主要包括良好的口语表达的能力、人际沟通的能力、组织协调的能力以及身体的适应能力等。

2. 乡村导游员上岗应具备的要求

（1）乡村旅游讲解员上岗之前要接受专门培训，这类培训一般由旅游管理部门统一组织，经培训考核合格后方可发放证书。

（2）为统一乡村地区讲解员形象，讲解员上岗要统一着装。

（二）乡村导游员着装、仪态要求

1. 仪容仪表

（1）乡村导游员在讲解时要做到统一着装，朴素、大方、得体、整洁。穿衣风格庄重、职业，也可突出其所在地区的民族风格。男导游员穿长袖衬衣要将前后摆塞进裤内，长裤不可卷起；夏天，男导游员不穿汗衫、短裤，不宜赤脚穿凉鞋，女导游员不穿超短裙；男导游员不宜穿拖鞋、背心进出饭店的客房。

（2）服务员需面容清洁、皮肤健康、头发干净。男导游员要常理发，天天刮胡须，指甲要常修，鼻毛要及时剪短；带团期间，导游人员不要吃葱、蒜、韭菜之类的异味食品；不随地吐痰。进入室内，男士要摘帽，男女都要脱掉大衣、风衣等，不戴太阳镜。

（3）讲解时要做到仪态大方，站立服务时自然收腹挺胸，双肩放平、头部端正，不要松松垮垮毫无精神，也不能昂头挺胸盛气凌人。讲解员在带大家游览的时候，走姿应当稳重大方，抬头挺胸，充满自信。

2. 礼貌礼节

（1）讲解时要面带微笑　是发自内心的微笑，不能够太僵硬，特别是迎送客人和回答问题的时候，从而缩短与客人的距离。

（2）称呼礼节　问候客人时应使用恰当的称呼，如"先生"、"太太"、"女士"等。

（3）接待礼节　客人入住时表示欢迎和问候，遇到客人时主动问好，送别客人时表示欢送和再见，注意平等待客。

3. 言语规范

"行为心表，言为心声"，礼节、礼貌是一个人内心世界的外在表现和真实感情的自然流露，体现出人的文化层次、文明程度和道德修养，在净化社会、美化社会中起着极为重要的作用。

（1）等客人把话讲完再做应答　不随意打断客人的谈话。

（2）不开过分的玩笑　不谈荒诞离奇、黄色下流的事情；与女士谈话要谦虚、谨慎，不开玩笑。

（3）精神集中、全神贯注　导游员的态度要真诚，表情要自然、大方，语音、语调和气亲切，力求讲话得体、礼貌。

（4）谈话时不要涉及对方不愿谈及的内容和隐私　一般不问女士的年龄、婚姻。不径直问客人的简历、工资收入、家庭财产及个人私生活方面的事。注意保密。不泄露其他旅客或员工的隐私。

（5）谈话距离不宜太近　以相距半米为好；声音不宜过高；手势不宜过多；要坦诚地目视对方；唾沫飞溅更不礼貌。

（6）如遇客人心情不佳，言语过激，也不要表现出不高兴。

（7）不应议论客人短处或讥笑客人不慎的事情。

（8）不偷听客人的谈话。

4. 举止规范

（1）注意"三轻"　即走路轻、说话轻、动作轻。

（2）举止要端庄稳重　落落大方，表情自然诚恳、和蔼可亲。

（3）手势要求规范适度　在向客人指示方向时，要将手臂自然前伸，手指并拢掌心向上指向目标，切忌用手指或笔杆指点，或以其他低级的、不得体的手势或体态示人。

（4）在客人面前任何时候不能有以下行为：打喷嚏、打哈欠、伸懒腰、挖耳鼻、剔牙、搓泥垢等。

5. 日常礼节

（1）初次见旅游者　导游员应表示欢迎，主动介绍自己并与客人握手，但男导游员面对女宾客，可点头致意；多人同时握手时，注意不要交叉；握手时要目视对方、微笑。

（2）互换名片时　要双手将名片递给对方，目视对方并说些客气话；接对方名片时要用双手并认真看一下再放入口袋。

（3）到旅游者住房，应预先约定并准时到达；进门前要敲门或按门铃，经主人允许后方可进入；不要单独进异性、特别是单身异性的房间。

（三）乡村导游员应掌握的基本知识

乡村导游员在做好接待工作时要基本掌握旅游点主要景观、景点的相关知识，能回答游客有关旅游的常识性问题。主要包括：掌握乡村地区的发展概况；掌握乡村地区主要景观的分布及各自的特点；熟悉乡村地区风俗习惯、禁忌、历史典故等；知晓乡村地区气候、地形、卫生、农耕知识。

第二节　解说词的编写和语言训练

（一）乡村旅游讲解语言的基本要求

乡村旅游讲解员所用的语言应当是通俗易懂的口头表达语言，具体要求是：

1. 语音语调适中

乡村旅游讲解员在讲解过程中要根据讲解内容和讲解对象把握语音语调的变化。

2. 语言规范

乡村旅游讲解员能够使用规范的普通话讲解。讲解过程中表达流畅，使旅游者能够听清、听懂并领会讲解词的内容及用意。使用讲解语言时，力求口语化，不要让游客感到是在背书；使用通俗易懂的语言，忌用生僻的词汇、冗长的书面语。

3. 语言生动

讲解语言要求词语选用丰富，并运用比拟、夸张、比喻、象征等多种修辞手法，将丰富的乡村景观，讲得栩栩如生。

4. 语言优美

讲解语言应当合乎礼仪。如果语言不美，说话粗鲁，直接会影响旅游者的情绪；甚至引起误解、争吵。彬彬有礼的讲解语言会使旅游者产生一种信任感和亲切感，有利于相互间沟通和增进友谊，同时也有利于旅游者的身心放松。讲解人员使用礼貌语言要注意不同对象和场合，一般称呼语要用得恰当，招呼语要符合礼节，尊敬语要注意对象，有事多用询问、商量和请求的语气；对于有生理缺陷或残疾的人说话时更应忌讳；需要旅游者配合帮助时切不可忘用恳求道谢等词语。

（二）乡村旅游讲解的常用方法

1. 分段讲解法

所谓"分段讲解法"，就是将一处大景点分为前后衔接的若干部分来讲解。也就是说，在参观一个大的、重要的游览点之前，先概括地介绍此游览点的基本情况，包括基本概况、占地面积、欣赏价值等，使游客对即将游览的景点有个初步的印象。然后，讲解人员再带领游客按顺序参观，边看边讲，将旅游者导入审美对象的意境。

2. 突出重点法

突出重点法就是讲解时避免面面俱到，而是着重介绍参观游览点的特点和与众不同之处的方法。一处景点，往往内容很多，讲解人员必须根据不同的对象区别对待。主要从以下几个方面把握：一是突出大景点中具有代表性的景观，大的游览景点，讲解人员必须根据这些景点的特征，进行重点讲解。二是突出乡村旅游景点的特征及与众不同之处。三是突出旅游者感兴趣的内容，旅游者来自各个层面，兴趣各不相同，但有一点是相同的，即大家出来旅游都是为了寻找快乐，如讲解人员能对他们背景有所了解，认真研究游客的喜好，努力做到投其所好，便能博得大多数游客的青睐。

3. 虚实结合法

在乡村地区往往会流传着很多有意义的故事。虚实结合法就是在讲解中将典故、传说与景物介绍有机结合的讲解手法。就是说，讲解要口语化，以便让游客更好地理解，努力避免平淡的、枯燥乏味的、就事论事的讲解方法。

4. 问答法

问答法就是在讲解时，讲解人员向旅游者提问题或启发他们提问题的讲解方法。使用问答法的目的是为了活跃游览气氛，激发旅游者的想象思维，促使旅游者与讲解人员之间产生思想交流。

5. 类比法

所谓"类比法"，就是以熟喻生，达到类比旁通的讲解手法。讲解人员用旅游者熟悉的事物与眼前景物比较，便于他们理解，使他们感到亲切，从而达到事半功倍的讲解效果。可将相似的两物进行比较，便于旅游者理解并使其产生亲切感。也可将两种风物比出规模、质量、风格、水平、价值等方面的不同。

6. 画龙点睛法

用凝炼的词句概括所游览景点的独特之处，给旅游者留下突出印象的讲解手法称之为"画龙点睛法"。讲解人员在讲解中以简练的语言，点出景物精华之所在，帮助旅游者进一步领略其奥妙，让他们获得更多更高的精神享受。

（三）乡村导游员的行为规范

1. 讲解员应能基本规范使用普通话，做到语言准确、生动，注意使用礼貌用语，讲解态度要热情、礼貌、认真、耐心。讲解员在接待前要认真准备相关资料，熟悉讲解内容，了解游客的情况，掌握讲解的重点和特点。上团时，导游员应提前到达集合地点；客人上车时，应站在车门口欢迎客人，待客人上齐后方可上车。在参观游览过程中，导游员不可离开旅游团单独活动。

2. 讲解员进行导游活动时，可用手势等体态语言配合，但动作不宜过大；不要用手指人或点人数；回答旅游者问询时要耐心、简洁明了；说话不宜过头，要留有余地。

3. 在导游过程中，导游员不得吸烟；进入会客室或餐厅前应将烟掐灭；社交场合，主人不吸烟、又未请吸烟时最好不吸烟；在允许抽烟的地方，尽量少抽烟，一般不要敬烟。若有女士在旁，应礼貌地征得她们的同意；陪同参观游览时，不应一面走一面抽烟。

4. 讲解员应具备较强的组织、协调、应变能力，应具有一定的安全知识和防范技能，以保障讲解工作的顺利进行。

5. 讲解员应恪守职业道德，不误导游客购买假冒伪劣的商品，更不得从中牟利。

6. 讲解员应尽职敬业，要热爱讲解工作，要根据游客的合理建议和意见，采取有效措施不断检查和改进自己的工作，努力提高服务水平，不断提升服务质量。

第三节 景点讲解服务

（一）乡村导游员讲解的程序

游客到乡村地区旅游需要讲解员的引导和介绍，以便更好地了解当地的民俗风情。讲解的程序应包含欢迎客人、为客人讲解、送别客人这几个环节。

1. 欢迎客人

一般来讲，在导游员开始讲解主要内容之前，要对游客表示欢迎，即代表农家经营户、乡村集体向客人表达欢迎之意。同时要介绍自己，表示愿意为大家热情服务，确保大家满意。希望得到游客的合作与支持，努力使大家愉快。

2. 乡村地区景点介绍

导游人员担负着向客人介绍该地区、该村主要景点的责任。在讲解时应当先做整体介绍，即游览对象进行概括介绍。包括这样几个内容：乡村旅游地区的总体概貌、民风民俗、将要游览的主要内容和特色等。主要作用是给游客一个总的印象，使旅游者对游览地有一个全面的认识，激发其游览的浓厚兴趣。其次是逐一介绍，详细介绍本地的历史、传说、经济、乡村旅游建设等方面。

3. 送别客人

乡村导游人员在讲解内容结束时，要表达依依送别之意。要给大家留下"人走茶更热"的感觉。要感谢游客给予的支持、合作、帮助、谅解。导游员是乡村地区的形象代表，在讲解结束时应当向游客征求意见，表达对游客的情谊和自己的热情，希望游客成为回头客。

（二）接待游客应注意问题

1. 对于那些为了享受回归自然，获得身心放松的游客，要求讲解人员在讲解时做到形式活泼多样。

2. 对于那些希望借助乡村旅游从日常生活紧张郁闷中解脱的游客，讲解员在讲解时应该选择一些轻松的话题，使他们获得身心放松。

3. 随着农村经济的蓬勃发展，许多带有参观、考察、学习、实践等目的下乡的团队明显增加，特别是青少年的乡村体验游。这类游客求新异求知的动机明显。对于此类游客要求讲解员能熟练地介绍农事知识并能作简单的农务示范，使旅游者增进知识、开阔视野。

4. 一些游客对乡村地区的民风民俗非常关注，希望通过旅游来提高自身对乡村旅游产品的鉴赏能力，要求讲解员能结合时代特点，充分了解当地民风民俗及历史遗迹等，并能准确回答此类游客提出的有关问题。

5. 许多前往乡村地区旅游的客人喜欢亲自去采摘，去钓，去捉。他们图的是劳作过程的那种体验和品尝收获的那番滋味。在为这类游客讲解时，讲解员要向游客介绍有关产品质量优劣、成熟度鉴别技巧；要懂得并介绍采摘、获取的方法和技巧；要提醒注意劳动过程可能出现的危险；要提示、控制收获物的数量，协助游客将带回的部分打包。

6. 参与乡村旅游活动已经成为了现代都市人参加健康活动，

强体健身的一种方式。对于这类游客，讲解员要向他们介绍一些乡村养生知识与方法。

第四节 生活服务与应急事件处理

1. 讲解人员应如何预防旅游者走失？

一是做好提醒工作。二是做好各项工作的预防：游览线路、集合时间地点。三是常清点人数。四是讲解人员的讲解要吸引旅游者。

2. 游客在体验娱乐项目时受伤时如何处理？

如游客发生骨折或流血，须及时送医院救治，但在现场，讲解人员应学会做力所能及的初步处理：

（1）止血　应及时止血，止血的方法常用的有：一是手压法，即用手指、手掌、拳头在伤口靠近心脏一侧压迫血管止血。二是加压包扎法，即在创伤处放厚敷料，用绷带加压包扎。三是血带法，即用弹性止血带绑在伤口近心脏的大血管上止血。

（2）包扎　包扎前最好要清洗伤口，包扎时动作要轻柔，松紧要适度，绷带的结口不要在创伤处。

（3）上夹板　就地取材上夹板，以求固定两端关节，避免转动骨折肢体。

3. 在游览活动中，游客突然心脏病复发，导游员该如何处理？

（1）不要移动患者，最好让其平躺，保持较为舒适的姿势。并请医生初步诊断和急救。

（2）快速寻找患者自备或他人携带的急救药品如：硝酸甘油片、救心丸等，按规定剂量放入患者口中，让其含服。

（3）迅速打电话给120急救中心或附近医院，请求速派医生前来救治。

（4）保持周围环境的安静，不要惊扰患者，并根据天气环境为患者遮阳挡寒。

（5）通知所在旅行社或导游服务公司派人跟随患者前往医院协助照顾患者。

4. 在游览活动中，导游人员如何避免发生治安事故？

在讲解过程中，讲解人员要始终和旅游者在一起，注意观察周围环境，经常清点人数。及早发现危险迹象，避免旅游者身处险境。

5. 游客向讲解员提出口头投诉时如何处理？

（1）认真倾听投诉者的意见，无论有无道理，都应让客人把话说完，切不可立即辩解，更不可马上否认。

（2）展开认真调查，力求做出正确判断。

（3）核实后向投诉者做实事求是的说明和诚恳道歉，并迅速采取补救措施。

（4）妥善处理后应向游客表示感谢并继续为游客提供热情周到的服务。

6. 遇到游客对导游人员正在讲解景点的讲解词提出异议时如何处理？

（1）耐心听取客人意见，从中吸取合理成分。

（2）不要与客人争辩，并感谢客人的提醒。

（3）将游客的观点作为一个"新的观点"暂时承认，过后再予与确认。

（4）假若客人的观点是错误的，可以私下交换意见。

7. 在游览过程中，如果发生旅游者被坏人抢劫或行凶时如何处理？

（1）讲解员要挺身而出，保护旅游者的人身、财产安全。

（2）立即报警、报告相关部门派人支援。

（3）安定旅游者情绪，继续参观游览。

（4）协助有关部门做好善后工作，并应力争做好防范工作。

8. 游客因团队菜质量不好，要求加菜又不支出任何费用时，该如何热处理？

（1）向客人说明原因及团队餐的形式和情况。

（2）与餐厅负责人联系，尽量满足游客的要求。

（3）如无法满足，应向旅行社说明情况，并申请调换团队餐厅。

9. 盛夏时节，游客在游览途中突然中暑晕倒了，怎么处理？

（1）赶紧将中暑的游客移至阴凉通风处，让其平躺，并解开其衣扣，松开腰带，使其全身放松。

（2）用湿凉毛巾为他擦汗，用扇子为他扇风解热，让他多喝些含盐的凉开水或矿泉水，补充体内水分。

（3）找些公认的常用解暑药，按照用药说明让其服用，或为他在太阳穴、前额等处涂些清凉油、风油精等外用药。

（4）对昏迷不醒的重症者要按人中穴、合谷穴进行急救，并迅速送往就近医院救治。

10. 遇到游客晕车、晕船如何处理？

（1）习惯有晕车（晕船）的人　应在乘车前半小时服药。但晕车（船）药往往能引起睡意，所以，驾驶员不宜服用。车船晃动太厉害时，可采取脸朝后的座位，或是闭目仰卧调匀呼吸。

（2）游客脸色苍白，恶心时　不宜服药。应尽可能使身体放舒服些，要脱掉帽子，松开领口和裤带。要离开有怪味和有热风吹来的地方。房间通风要良好。恶心时，不必强忍，尽可能自然吐出。

（3）预防法　除服药外，尚需有"我不会晕车"的信念。衣服要宽松些。尽可能坐摇晃较轻的座位。

11. 遇到游客被狗咬时如何处理？

用流动水和肥皂水进行充分冲洗。用纱布擦干后，找外科医生接受彻底的清创处理，注射和口服抗生素。如咬人的狗被怀疑为疯狗时，应注射狂犬疫苗，并捉住该犬送有关单位观察和检查。

12. 遇到游客被毒蛾螫咬时如何处理？

立即用流动水和肥皂水冲洗，以纱布擦干后，再用水冲洗，拭净，涂上地塞米松软膏。

13. 遇到游客被木刺刺伤时如何处理？

（1）以肥皂水和流动水轻轻冲洗后，对露出皮外的木刺，先用镊子拔掉，然后充分冲洗，贴上急救胶布。此外，尚需注意是否还有没拔掉的刺。因显露不好而刺不易拔出时，应用消毒的针挑出。

（2）被木刺刺伤时，挑出后还要接受外科医生的诊治。要注意日后发生破伤风的危险。

14. 遇到游客毒蛇咬伤如何处理？

立即用嘴（术者口腔内无黏膜破损）在伤口部位使劲吸2~3次。吸出毒液就吐掉。情况允许的话，用止血带或布带紧扎住肢体伤口的近心端，同时伤口（毒牙痕有两处）用冰袋冷敷。并立即请蛇医或外科医生诊治，注射抗蛇毒血清和甾醇类制剂。注射血清前，要告诉医生是哪种毒蛇。

15. 遇到游客手指被门轧伤时如何处理？

手指外伤虽然需要特殊的治疗，但最要紧的是勿使感染。为此，第一步要用水和肥皂洗净，包上干净的纱布，再去请外科医生治疗。

16. 遇到游客皮肤沾上农药时如何处理？

不要轻视，应用流动水或淋浴冲洗干净。洗热水澡也可以，不要忘记清洗眼睛和口腔。

17. 遇到游客被鼠咬伤如何处理？

立即用嘴吸2~3次。然后，用流动水和肥皂洗干净。请外科医生诊治，口服抗生素。

18. 遇到游客被蜂蜇伤如何处理？

立即用嘴吸出毒液。蜂蜇伤时首先要将螫刺拔出，用口在伤处吸 2~3 次后，用肥皂和水洗干净，擦干、涂抗组胺药或可的松类软膏，并以小苏打水湿敷。蜇伤严重时，注射肾上腺素或可的松类制剂有特效。

19. 遇到游客鼻出血如何急救？

（1）让病人平卧，把浸过冷水的毛巾放在额上，用药棉蘸醋或明矾水塞鼻，再用热水洗脚，两手高举，很快就可以止住鼻血。

（2）发现小儿鼻出血，应立即用手捏住小子双侧鼻翼片刻，并吩咐小孩张口呼吸。小孩应取坐位或半卧位。用冷湿毛巾外敷鼻根部及额部，稍候片刻，再用棉花团蘸 0.5%~1% 麻黄素溶液（如无此药可单用棉花团），塞入出血的鼻孔内，再继续捏住双侧鼻翼 10 分钟左右，即能止血。

（3）如是高血压引起的鼻出血，可危及生命，须慎重处理。先让患者侧卧把头垫高，捏着鼻子用嘴呼吸，同时在鼻根部冷敷。止不住血时，可用棉花或纱布塞鼻，同时在鼻外加压，就会止住。然后迅速通知急救中心或去医院。

第五节　商品导购

（一）乡村旅游商品

乡村旅游商品是指伴随乡村旅游而产生的、供游客购买的、具有乡村特色的旅游产品，它既满足旅游者的购物需求，也对旅游地形象的传播起到了重要的促进作用。乡村旅游商品主要包括土特产、旅游纪念品、旅游工艺品、文物复制品、旅游食品、旅游活动用品等类别。乡村旅游商品是乡村旅游六要素中"购"因素发展的重要支撑点，是发展乡村旅游的重要吸引物；对扩大农民就业，特别是调动广大农村妇女的积极性，增加农民收入起着积极作用；也是增加乡村旅游收入的重要来源；对传承和弘扬乡村民俗文化具有重要意义。

乡村旅游商品不同于一般旅游商品，它更强调乡土性、参与性、独特性、艺术性、实用性、纪念性、便携性（图3-1）。

图3-1　独具特色的乡村旅游商品

（二）乡村旅游商品的销售渠道

1. 设立旅游商品交易中心

展销各类旅游商品，成为区域旅游形象展示的窗口。交易中心以批发业务为主，兼营零售业务。

2. 参加各种交易会

如名优特产品博览会、旅游交易会和全国糖酒会、广交会等著名的商贸交易会，积极主动地参加各种评比活动，并大力宣传介绍获奖产品，以此提高市场的认知度。

3. 建立旅游商品街

将民族工艺品、土特产品、风味小吃、特色菜肴的商家集中于一条街上，既方便管理，又有利于形成竞争市场和集聚市场人气，便于游客开展游购活动。

4. 在景区设立零售网点

包括旅游景区自办自营和个体承包经营。除了依赖景区深厚的文化底蕴和足够的客流量外，还要认真考虑店面的内部选址。成行成市的经营是吸引游客的最佳方法，即达到规模效应。但如果店面受景区环境的制约，无法营造大的购物氛围，则需要通过店面的差异性设计突显商品特色，吸引游客的眼球；这类销售渠道方便游客购买，但其主要问题在于自身经营实力有限，购物环境简陋，商品组合简单，缺乏商品开发力度和宣传促销手段。

5. 开设品牌连锁经营专卖店或专柜

对于知名度较高的乡村旅游商品，可以在大中城市商业街区、机场、火车站、汽车站等地设立连锁经营专卖店，既展示了企业形象，也促进了乡村旅游商品的销售。此外还可以选择位于商业旺区、经营面积大、知名度高、信誉好的传统百货公司设立品牌专柜销售，既为旅游者提供了尊贵的购物体验，也增加了旅游商品的附加价值。

6. 利用互联网进行网络销售

旅游商品的网络购物等已成为一种时尚和趋势，发达国家的旅游商品网化销售已基本实现，建立电子商务网络销售系统是时代、形势的要求，它是对传统经营模式的补充，通过电子商务网络销售可以扩大客源，减少销售环节、降低成本、提高工作效率，为旅游商品提供更广阔的市场空间和发展前景。

7. 经纪人协会

目前，一些乡村旅游商品村针对个人营销力量薄弱的问题，成立了经纪人协会，实现了乡村旅游商品销售的专业化和规范化，成为乡村旅游商品销售的新兴力量。如民权王公庄成立画虎经纪人协会，结束了全村过去个人私营模式，建立了规范的市场组织，组成了具有鲜明地域特色和行业特色的市场实体，形成了公司加培训加基地成产的模式，通过培训一批懂法律，善经营，能发展的经纪人，把绘画作品的销售到全国各地。

（三）乡村旅游商品的定价策略

1. 推算游客整体旅游成本，确定指导定价策略

要想确定旅游商品基本定价，应先通过近几年游客的资料，进行数据的收集、归类、整理和详细统计，推算出游客在当地平均所花费用，在去除吃、住、行、娱、游的消费量，从而得出游客预期对旅游商品购买的投入平均数，再参照旅游商品成本来确定其基准定价，做到"心中有底，定价不乱"。

2. 结合旅游商品自身特点，制定不同时期定价策略

一般来说，处在介绍期的旅游商品由于刚入市场，产品扩散慢，销售渠道少，市场需培育，成本费用较高，且作为新产品出现，具有稀缺性，宜采取较高的定价策略，起到先声夺人的效果。到了成长期这一阶段，由于市场局面已经打开，分销渠道较为畅通，销售量也不断提高，成本费用明显下降。与此同时，竞争者也大量增加，此时应适当下调价格，达到排挤竞争者的目的。进入成熟期，市场竞争日益激烈，游客的购买量有限，此时以保持市场份额为目标，可以采取竞争性低价策略。到了衰退期，旅游商品价值大幅下降，使用价值也不断缩水，宜采用大幅降价策略，以利成本收回。

3. 针对目标游客的不同特点，适用不同的心理定价策略

一般来说，对于价格较敏感的游客尾数定价策略往往能够刺激其购买冲动。对于高档次显示游客地位身份象征的旅游商品尾数定价策略就不合适，在这种情况下，就应采用声望定价和整数定价策略相结合的方式，树立价高质优的品牌形象，以较高的价格吸引他们购买。对旅游商品价格和质量双重敏感的顾客可以考虑采用分档定价策略，即把同类型产品按不同档次制定不同价格，满足他们的不同需求心理。对于一些易受大众口碑宣传影响的游客，可以考虑用招徕定价策略，即把某一项旅游商品降到市价以下使游客在购买的同时增加连带性购买。

4. 考虑旅游的季节性因素，采用不同的折扣定价策略

旅游市场的一个鲜明特征就是具有季节性，旅游商品也应顺应游客季节性变化特点来运作，在旺季可以采用数量折扣的方式，即根据旅游购买旅游商品数量的不同给予游客不同的价格折扣，这主要是基于游客购买旅游商品不仅仅是满足自己的需要，更多的是用于赠送亲朋好友。在淡季，则可以采取对旅行社的折扣方式，以利于导游劝导游客对旅游商品的关注和选购，最终实现旺季扩大销售量、淡季稳定销售量，均衡全年生产的目的。

（四）导游人员如何进行商品导购

为了更有效地促销商品，最大限度地满足游客购物的需求，导游人员应做到如下几点：

1. 思想重视，态度积极

每个导游人员必须认识到满足旅游者的购物要求是导游服务工作的重要内容之一，帮助旅游者购物导游人员责无旁贷。

2. 熟悉商品，热情宣传

为了满足旅游者不同购物要求，导游人员应尽可能地多了解商品的产地、质量、使用价值、销售地点和价格等，并主动热情地向他们宣传，做好旅游者的购物参谋。

3. 了解对象，因势利导

为了更好地促销商品，导游人员不仅要熟悉商品，还要做个有心人，设法了解旅游者是否有购物要求、购买能力及他们希望购买什么样的商品，从而有针对性地提供购物服务，满足旅游者的购物愿望。

4. 掌握推销原则

导游人员做好购物服务必须建立在旅游者"需要购物、愿意购物"的基础之上，不得强买强卖，违法乱纪。在推销商品时，必须遵循下述原则：

第一，从游客的购物要求出发，因势利导。导游人员在提供导游服务过程中，不要过多安排购物时间，切忌强加于人，更忌拉旅游者到自己的"关系户"购物图谋私利，以免引起旅游者的反感。

第二，实事求是，维护信誉。介绍商品要实事求是，价格要合理公道；不得作失实的介绍，不得以次充好，以假乱真，不得乱涨价；严禁导游人员为了私利与不法商人相勾结，坑蒙欺骗旅游者。

第四章 乡村旅游服务礼仪常识

仪态指人们身体在日常生活中呈现出的具体表现和各种造型，包括举止动作、神态表情和相对静止的体态。农家接待服务人员应从坐、站、走、蹲等几方面规范仪态。

第一节 正确的站姿、坐姿、走姿

（一）坐姿

正确的坐姿能给人端庄的印象，反之则会显得懒散无礼。在乡村旅游接待中接待和讲解人员要注意坐姿文雅自如、体态优美。坐姿的要领：

1. 正坐

坐下后，臀部坐椅子的 2/3，背不靠不倚；上半身挺直，稍向前倾，两肩放松，下巴向内微收，脖子挺直；挺胸收腹，并使背部和臀部成一直角；双手自然放在双膝上，两腿自然弯曲，小腿与地面基本垂直，两脚平落地面；两膝间的距离，男性以不超过肩宽为宜，女性则腿不开为好。

2. 侧坐

坐正，女性上身挺直，双膝并紧，两脚同时向左边放或向右边放，双手叠放于左腿或右腿上；男性上身左倾或右倾，左肘或右肘关节支撑于扶手上。

3. 重叠式坐姿

两脚前伸，一脚置于另一脚上，在踝关节处交叉成前交叉坐姿；也可小腿后屈，脚前掌着地，在踝关节处交叉；女性也可采用一脚挂于另一脚踝关节处成交叉坐姿。

4. 开关式坐姿

坐正，女性双膝并紧，两小腿前后分开，两脚前后在一条线上；男性既可两小腿前后分开，也可左右分开，两膝并紧，双手交叉于双膝上。

（二）站姿

站立是农家接待服务人员最基本的举止。

1. 基本站姿

站立时要做到头正，颈直，下巴微收，双目平视前方，面带微笑；双肩放松向后展并向下压；挺胸，收腹，直腰；双臂放松，自然下垂于体侧，手指自然弯曲；两腿并拢立直，女性双膝和两脚跟靠紧，脚尖分开似"v"字形，呈45度或60度角；男性可两脚分开，与肩同宽。服务过程中男性在立正站姿的基础上，左脚向左横迈一小步，两脚打开与肩同宽，约20厘米。两脚尖与脚跟距离相等。两手在腹前交叉，左手握成拳头状，右手握左手于手腕部位。女性在立正站姿的基础上，两脚脚尖略展开，左脚在前，将左脚跟靠于右脚内侧前端，成左丁字步。两手在腹前交叉，身体重心置于两脚上，也可以置于一脚上。整体形成优美挺拔、精神饱满的体态。

2. 其他站姿

站立时可以保持两脚分开相距约15厘米，与肩同宽并平行，两手自然下垂，或在小腹前交叉相握。

通常，入座或退席是从椅子的左边，站立时也要站在椅子的左边。女性站立时，可一脚向后收半步而后站起。落座时声音要轻，动作要协调。

（三）走姿

走姿是农家接待人员常用的服务姿态，最能体现一个人的精神面貌。良好的步态应该轻盈、自如、矫健，有助于提高气场。

基本要领是：走路时上身基本保持站立的标准姿势，挺胸收腹，腰背笔直；两臂以身体为中心，前后自然摆。前摆约呈35

度角，后摆约 15 度角，手掌朝向体内；起步时身子稍向前倾，重心落前脚掌，膝盖伸直；脚尖向正前方伸出，行走时双脚踩在一条线上，脚距约为自己的 1.5 ~ 2 个脚长，步伐要均匀，着地时的重力要一致。脚不要抬得过高，也不要过低擦地。

男性走姿要显示阳刚之美；女性要款款轻盈，显示阴柔之美。

（四）蹲姿

农家服务接待人员在工作中蹲下捡东西或者系鞋带时一定要注意自己的姿态，尽量迅速、美观、大方，应保持大方、端庄的蹲姿。

下蹲时一般是左脚在前，右脚稍后。左脚应完全着地，小腿基本上垂直于地面；右脚则应脚掌着地，脚跟提起，右膝须低于左膝，右膝内侧可靠于左小腿的内侧，形成左膝高、右膝低的姿态，脊背保持挺直，臀部一定要蹲下来，避免弯腰翘臀的姿势。女性应靠紧两腿，男性则可以适度分开。若用右手捡东西，可以先走到东西的左边，右脚向后退半步后再蹲下来。

需要注意的是下蹲取物时，女性若穿裙子如不注意，背后的上衣自然上提，露出臀部皮肉和内衣时很不雅观，故而不要弯腰曲背，影响形体美观；女性若穿低领上装，要用一只手捂住胸口。拾物时不要东张西望，以免他人猜疑。

第二节　仪容仪表

（一）仪容

仪容的修饰主要是头部和面部，基本要求是干净、整洁与卫生。

1. 发型

在一个人身上，正常情况下最引人注意的地方，首先是对方的发型。农家接待服务人员应做到：男服务人员头发前不覆盖额头、侧不盖耳、后不及领、面不留须；女服务人员长发不披肩，而要束发或盘发，短发则不能过肩。

2. 面容

男服务人员应保持面部的干净和卫生；女服务人员要淡妆上岗，掌握正确的化妆方法，体现出淡雅、简洁、朴素的农家风格。具体应注意不要浓妆艳抹，尤其在餐饮服务时，不宜使用气味浓烈的化妆品，如香水、香粉等。同时，还要注意个人卫生。工作前不喝酒，吃葱、蒜、韭菜等食物。及时修剪与洗刷指甲，不留长指甲，不涂有色指甲油。

（二）化妆

女接待服务人员还要注意掌握化妆的基本方法，首先要注意扬长避短、浓淡适宜，即突出美化自己脸上富有美感之处，掩饰不足；化妆的浓淡要根据实践和场合来选择，旅游接待人员的化妆以淡妆为宜，突出自然和谐。

化妆的基本方法：①清洁脸部：用温水及洗面奶洗脸。②护肤：抹上护肤（液）霜，再使用粉底液打底。③描眉：描眉时沿眉毛的生长方向一根根地描画，这样描出的眉毛有真实感，而不要又浓又粗地画成一片。④画眼线：沿睫毛根部贴近睫毛，由外眼角向内眼角方向画出眼线，上眼线应比下眼线重些。⑤涂眼影：眼影的颜色要适合自己的肤色和服装的颜色。⑥抹睫毛膏：用睫毛刷把睫毛膏均匀地涂抹在睫毛上。⑦涂口红：涂口红时先用唇线笔画出理想的唇型，然后填入唇膏。按上嘴唇从外向里，下嘴唇从里向外的顺序涂。

（三）服装

1. 男性服务人员服装

在乡村旅游讲解和接待中，男性讲解人员和接待人员的服装多以西装为主，穿西装要讲究顺序和方法。

俗话说："西装七分在做，三分在穿。"首先西装要合身，在穿西装前要拆除袖子上的商标，以免被人笑话。西装的袖口和裤脚不应卷挽，以免有动粗之嫌和给人以粗俗之感。在穿着西装时还要注意以下一些细节。

（1）衬衫　西装的衬衫必须为长袖，通常为纯色，以浅色为主，白色最常用。衬衫最讲究的是领口，领型多为方领，领头要硬挺、清洁。衬衫衣领要高出西装衣领 1～1.5 厘米左右，衬衫衣袖要长于西装袖口 0.5～1 厘米左右，以显示层次。不论在何种场合，衬衫的下摆务必塞进裤内，袖扣必须扣上。非正式场合可以不系领带，这时衬衫领口的扣子应解开。

（2）领带　领带的图案以单色无图案的领带为主，有时也可选择条纹、圆点、细格等规则形状为主的图案。打好的领带领结要饱满，与衬衫的领口要吻合，领带的长度以系好以后正好在腰带上端为标准。

（3）纽扣　穿单排三粒扣的西服，一般扣中间一粒或上面两粒；单排两粒扣的，只扣第一粒或全部不扣。

（4）口袋　穿西装尤其强调平整、挺括，服帖合身。这就要求上衣口袋只做装饰，不可以用来装任何东西，但必要时可装折好花式的手帕。钱包、打火机等用品可装在西装左、右内侧衣袋里，以保持西服的美观。

（5）鞋袜　穿西装一定要穿皮鞋。裤子以盖住皮鞋鞋面为宜，并保持鞋面清洁。男性的皮鞋最好是黑色或与衣服的颜色相同。正式场合一般选用黑色、无花纹、系带的皮鞋。与皮鞋配套的袜子应为深色、棉质，也可选用与裤子相同或者相近颜色的袜子，但不应穿白色袜子。

2. 女性西装套裙的着装要求

女士西装套裙的色彩、质地、面料、款式较多，一年四季都有可供选择的系列。在穿着西装套裙时应注意以下几点。

（1）上装和裙子的色调应统一而稳重。

（2）西装套裙一定要成套穿着，并配上与之相协调的衬衫或高领羊绒衫。与衬衫搭配时，应系上领结、领花、领带或丝巾。

（3）应当配上长筒丝袜或连裤袜，颜色以肉色为宜，切忌着黑色或网状丝袜；挑丝、有洞或用线补过的袜子，外出或工作时都不能穿，在工作时应带一两双丝袜备用。在正式场合着裙装而不穿丝袜是极不礼貌的。在公共场合不能整理自己的袜子；袜口绝对不能露在裙摆或裤脚外边。

（4）西装套裙应与皮鞋搭配，中、高跟均可。在正式场合不允许穿凉鞋。

（5）衬衫、丝袜、鞋、饰物、皮包等的选择，都应与套裙搭配协调。

3. 其他乡村旅游接待人员

统一着装时必须做到以下几点。

（1）整齐　衣服必须合身，注意四长（袖到手腕、衣长至虎口、裤到脚面、裙到膝盖）、四围（领围以插入一指大小为宜，上衣的胸围、腰围及裤裙的臀围以穿一套羊毛衣裤的松紧为宜）；尤其内衣不能外露；不挽袖卷裤；不漏扣、不掉扣；领带、领结与衬衫口的吻合要紧凑且不系歪。

（2）清洁　做到衣裤无油渍、污垢、异味。领口与袖口尤其要保持干净。

（3）挺括　衣裤不起皱，穿前烫平，穿后挂好，做到上衣平整、裤线笔挺。

（4）大方　款式简单、大方。

（5）不露　不暴露胸部、不暴露肩部，不暴露腰部，不暴露背部，不暴露脚趾，不暴露脚跟。

（6）不准　忌过分杂乱，忌过分鲜艳，忌过分暴露，忌过分透视，忌过分短小，忌过分紧身。

（四）首饰

在服务接待中要注意饰品佩戴符合身份，不能在饰物上与客人攀比。服务工作时佩戴的首饰应少而精，绝不可贪多求全，否则给人一种俗气之感，同时又影响工作。工作时不宜佩戴手镯手链、脚链、耳环等。

第三节 体态语言

（一）微笑

微笑是礼貌服务的基础，是一种内心愉悦的表达方式，可表达友善与关爱。面带微笑的表情会受到周围人的欢迎与接纳，并能感染和影响对方的心绪，能营造和谐的气氛，从而减少不愉快的事情发生。

基本做法是：面部肌肉放松，两边嘴角向上略微提起，不露齿，不出声。农家接待服务人员要以真诚的笑容向客人提供服务，使客人感受到一种亲切和放松。

（二）手势

在乡村接待中，服务人员经常运用一些手势语来表达"请进"、"请坐"、"请先行"等意思时，规范的手势应为：服务人员屈肘小臂前抬，五指并拢，小臂打开置于身体侧前方，手腕高度与腰平高，掌心朝上，上身略向前倾，同时偏转朝向客人，微笑着向客人说："请"。向宾客指示方位时，规范的手势应为：服务人员做到掌心向上，五指并拢，以肘关节为支点，手臂抬起指向所要示意的方向。应注意在指引方向时，身体要侧向客人，眼睛要兼顾所指方向和客人。

（三）眼神

眼神，是面部表情的核心，指的是人们在注视时，眼部所进行的一系列活动以及所呈现的神态。农家接待人员在与游客交流时要注意眼神注视的区域，不同的注视区域所传达的信息不同。

公事注视区：位置在以双眼连线为底边，前额中心点为顶角顶点所构成的三角形区域。此区域的注视能够造成严肃、可信、有某种权威性的气氛，适用于公事活动和初次会面。

社交注视区：位置在以双眼连线为底边，嘴的中心点为顶角顶点所构成的倒三角形区域。该区域的注视介于严肃与亲密之间，普遍适用于各种社交场合。农家接待人员在与客人交流时要根据与客人的熟悉程度选择注视区域。

第四节　常用社交礼仪知识

（一）握手

握手是人们见面时相互致意的最普遍的方式。握手作为一种礼节，应做到与对方一米左右距离，上身略微前倾，自然伸出右手，四指并拢，拇指张开，掌心向上或略微偏向左，手掌稍稍用力握住对方的手掌，握力适度，上下稍许晃动几下后松开。握手时要注视对方，面露笑容，以示真诚和热情，同时讲问候语或敬语。握手时伸手的先后顺序遵循"尊者决定"的原则，由尊者先行伸手。

一般来说，握手的基本顺序是：主人与客人之间，客人抵达时主人应先伸手，客人告辞时由客人先伸手；年长者与年轻者之间，年长者应先伸手；身份、地位不同者之间，应由身份和地位高者先伸手；女士和男士之间，应由女士先伸手。握手的时间长短应根据双方的身份和关系来定，一般时间约为 1～3 秒。

（二）鞠躬

鞠躬是服务工作中常用的一种礼节。鞠躬的深度视受礼对象和场合而定。一般问候、打招呼时施 15 度角左右的鞠躬礼，迎客与送客分别行 30 度角与 45 度角的鞠躬礼，90 度角的大鞠躬常用于悔过、谢罪等特殊情况。

（三）递接名片

服务接待中有时需要向重要的客人递送名片，农家接待人员应掌握递送名片的礼节。名片放在易于取出的地方。向对方递送名片时，要用双手的大拇指和食指拿住名片上端的两个角，名片的正面朝向对方，以便对方阅读，以恭敬的态度，眼睛友好地注视对方，并用诚挚的语调说："这是我的名片，请多联系"，或"这是我的名片，请以后多关照"。要特别忌讳向一个人重复递送名片。

农家经营者或服务接待人员在接受他人的名片时，应尽快起身或欠身，面带微笑，眼睛要友好地注视对方，并口称"谢谢"，使对方感受到你对他的尊重。接过名片后，应认真阅读一遍，最好将对方的姓名、职务轻声地念出来，以示敬重，看不明白的地方可以向对方请教。要将对方的名片郑重收藏于自己的名片夹或上衣口袋里。妥善收好名片后，应随之递上自己的名片。如果自己没有名片或者没带名片，应当首先向对方表示歉意，再如实说明原因。接受了对方的名片，不要随手放在一边，或拿在手里随便摆弄，这都是对对方的一种不敬。

（四）介绍礼节

所谓介绍，就是自己主动沟通或者通过第三者从中沟通，使双方相互认识的基本方式。

农家接待人员自我介绍时，应注意介绍方式，力求简洁，主要介绍自己的姓名、身份，也可交换名片。介绍他人时，应注意介绍顺序，一般遵循"位尊者拥有优先知情权"，如把男子介绍给女子，把年轻的介绍给年长的，把地位低的介绍给地位高的。

（五）座次礼仪

古代中国素有"礼仪之邦"之称，讲礼仪，循礼法，崇礼教，重礼信。在宴请、会见、谈话中都存在一个问题就是座次。乡村旅游接待中应该注意餐饮座次的安排礼仪。总体而言，主要把握以下原则：

（1）排序原则　以远为上，面门为上，以右为上，以中为上；观景为上，靠墙为上。

（2）座次分布　面门居中位置为主位；主左宾右分两侧而坐；或主宾双方交错而坐；越近首席，位次越高；同等距离，右高左低。

第五节　迎送客人服务礼仪

乡村旅游经营者迎接客人必须体现出主人应有的主动和热情。见到客人应热情打招呼，表示欢迎，并说一些欢迎语或问候语。接待过程中应热情招呼客人，提供优质服务。包括礼貌地称呼客人。

（一）迎送客人

农家接待人员在迎接客人时要热情，使用恰当的问候语和称呼语。称呼语是人们在交往中用来称呼的词语，使用合适的称呼语是社交活动中首要的礼仪。农家接待人员要掌握通用的主要称呼方式，一般对女性可称呼为女士、小姐，对男性可称呼为先生。在特定情况下，农家接待人员如知道客人的职业身份，可称呼其老师、医生、护士、律师等。

在正确称呼的同时，乡村农家接待人员还要注意使用规范的迎送语，分欢迎语和送别语。欢迎语是用来迎客的，当客人到来时必须要有欢迎语。如：欢迎光临。欢迎光临某某村，希望您能满意我们的服务。送别语是送别客人时必须使用的语言。如：谢谢您的光临，您慢走。欢迎您再次光临！多谢光顾，欢迎再来！请多保重！

（二）招呼客人

农家接待人员要做到尽量使用"请"字表示礼貌。在称呼客人时如果已经比较熟悉的客人就可以尽量称呼为"您"。在向客人介绍或推荐时要使用征询语言。比如：请问您需要什么？您觉得这个如何？当回答客人的问题时要干脆利落，反应迅速。如：好、好的、很高兴能为您服务。在客人提出中肯的意见建议或离开时，要主动表示感谢，欢迎下次再来。

使用服务敬语的关键是要讲究礼貌，场合、情景正确，态度诚恳，语气准确。常用的餐厅用语主要语例如下：

欢迎光临，贵宾/先生/女士您一共几位？

请里边坐。

请稍等，我马上就来。

请问您喜欢喝什么茶？我们这里有……

您请用茶。

我们餐厅的特色是……，希望您能喜欢。

这是我们的菜单，请您选择。

贵宾，可以点菜了吗？

您喜欢吃点什么？请问各位贵宾有什么忌口没有？

请您尝尝我们的风味菜（当家菜）好吗？

您用些……好吗？

对不起，这个菜需要时间，您能多等一会儿吗？

请问，您喜欢喝点什么酒？我们这里有……

您喜欢喝点什么饮料？

现在给您上菜好吗？

让您久等了，这是某某菜。

真抱歉，耽误您时间了。

我可以撤掉这个盘子吗？

您还需要些别的吗？

您还满意吗？

这是账单，请您过目。

谢谢，欢迎您再次光临！

（三）主要少数民族的礼仪习俗

1. 蒙古族

蒙古族是一个历史悠久而又富有传奇色彩的民族，过着"逐水草而迁徙"的游牧生活。蒙古族热情好客，外人到家做客时，主人闻声即走出来热情迎接。致问候后，把右手放在胸前，微微躬身施礼，请客人进家。客人落座后，相继以香烟或鼻烟壶、奶茶、"手扒肉"款待。会喝酒的客人，主人总是频频劝酒，并伴有歌舞助兴。每年七八月牲畜肥壮的季节举行"那达慕"大会是蒙古族历史悠久的传统节日，这是为了庆祝丰收而举行的文体娱乐大会。

2. 回族

回族是一个人口较多、分布较广的民族。回族人信奉伊斯兰教，有念经、礼拜、封斋等仪式，还要缴纳"天课"（宗教税）。在礼俗方面，尊敬长者；禁止用食物开玩笑；不用禁忌的东西作比喻；禁止背后议论别人的短处；外出必须戴帽，不可露顶等。回族在日常生活中，见面都要问安。客人来访，要先倒茶，还要端上瓜果点心或自制面点招待，而且所有家庭成员都来与客人见面、问好。若遇上老年客人，还要烧热炕请老人坐，并敬"五香茶"或"八宝茶"。送客时，全家人都要一一与客人道别、祝福。有时远客、贵客还要送出村庄或城镇才分手。

3. 维吾尔族

维吾尔族人信奉伊斯兰教，维吾尔族的主食有馕（用玉米饭或面粉制成的圆形烤饼，有时还要加上肉、蛋和奶油），节日待客常用帕罗（用羊肉、清油、胡萝卜、葡萄干、葱和大米做成的食品，即手抓饭）。副食有羊、牛、鸡肉以及各种蔬菜。炒菜必须加肉，做素菜者极少，有"无肉不算菜"的习惯。一般地说，每日三餐早吃馕、喝奶茶；午餐食各类主食，并以副食助餐；晚餐和早餐相似，有时也吃副食。饭前饭后必须洗手；吃抓饭时，预先还要剪指甲。

维吾尔族人很讲礼貌，对长者很尊敬，走路、说话、就座、就餐等，都先礼让长者。维吾尔族人在与亲朋好友见面时，必须握手问候，互道"撒拉木"，意思是"你好"或"你们好"。城市中有一定身份者和知识分子多用右手抚胸，躬身后退一步说："亚克西姆赛斯"。汉族人与维吾尔族人相见时，只要握手即可。维吾尔族人总是请客人坐在靠大墙的一边，以表示尊敬。吃饭时，客人应跪坐，以表示对主人的尊敬。主人一般请客人动手先吃，出于礼貌，客人应回让主人。维吾尔族人热情好客，家里来了客人，全家都自觉地跑来欢迎，然后女主人用盘子把茶水端上来。人们端茶和接受物品都用双手，以示尊敬。

4. 藏族

藏族是汉语称谓。藏族有着较特殊的饮食习惯，主食是用炒熟的青稞或豌豆磨成的炒面，每日三至四餐。牛、羊奶煮熟后冷却下来凝结在上面的一层脂肪叫酥油，是藏族人非常喜欢的饮料。大部分人饮酒和吸烟，有些藏民在进餐前先用手沾酒在桌上滴三滴，这是表示敬佛。否则，随意饮食，将来就会得不到神灵的保佑，就不会有新的食物补给，招致饥荒灾祸。西藏几乎男女老少都能喝青稞酒。敬献客人时，客人必先喝三口再将一满杯喝干，这是约定俗成的规矩，不然主人就不高兴，或认为客人不懂礼貌，或认为客人瞧不起他（她）。藏族人能歌善舞，男性的舞蹈动作朴实、粗犷、憨厚；女性的舞姿优美、细腻、轻柔。献哈达是藏族待客规格最高的一种礼仪，表示对客人热烈的欢迎和诚挚的敬意。五彩哈达是藏族人用于最高最隆重的仪式。佛教教义解释五彩哈达是菩萨的服装，所以五彩哈达只在特定的时候用。磕头也是西藏常见的礼节，一般是觐见佛像、佛塔和活佛时磕头，也有对长者磕头。磕头可分磕长头、磕短头和磕头三种。藏族的民间节日有藏历新年、酥油灯节、浴佛节等。藏族民间最大的传统节日为每年藏历正月初一的藏历年。

（四）不同宗教的礼仪禁忌

在旅游活动中，乡村旅游讲解员或多或少都会与不同的宗教有所接触。因此，掌握一些基本的宗教礼仪非常必要。

1. 佛教

佛门弟子及其居所的具体称呼有别。凡出家者，男称为僧，女称为尼，合称为僧尼。凡不出家者，则一律称为居士。僧之居所称为"寺"，尼之居所称为"庵"，有时统称二者为寺庙。对所有出家者，一律禁止称呼其原有的姓名。

佛教的基本礼节为合十礼，基本的礼颂用语是"佛祖保佑"。佛教信徒拜佛时，则讲究行顶礼，即所谓"五体投地"。对于佛祖、佛像、寺庙以及僧尼，佛教均要求其信徒毕恭毕敬。非信徒对其不得非议。不准攀登、侮辱佛像。不准触摸、辱骂僧尼，不得与僧尼"平起平坐"。进入寺庙时，应慢步轻声，不乱动，不乱讲，不乱走动，不拍照。佛教信徒应守"五戒"。即规定其信徒不杀生，不盗窃，不邪淫，不饮酒，不妄语。饮食上忌食"五荤"，即禁止其信徒食用葱、蒜、韭菜等气味刺鼻的菜蔬。

2. 伊斯兰教

伊斯兰教，旧称回教，它也是世界上最重要的宗教之一。伊斯兰教禁止偶像崇拜，故此不应将雕塑、画像、照片以及玩具娃娃赠给穆斯林。伊斯兰教禁止妇女外出参加社交活动。在外人面前，不允许妇女的着装暴露躯体，不允许男女共处。与穆斯林打交道时，一般不宜问候女主人，不宜向其赠送礼物。

在饮食方面，穆斯林讲究甚多。接待穆斯林客人一定要安排清真席，特别要注意不要出现他们禁食的食物。他们一般都忌食猪肉，忌饮酒，忌食动物血液，忌食自死之物，并且忌食一切未按教规宰杀之物。非清真的一切厨具、餐具、茶具，均不得盛放招待穆斯林的食物或饮料。在伊斯兰教教历的每年9月，穆斯林均应斋戒一个月。斋月期间，从每日破晓直至日落，禁饮食，禁房事。在斋月期间，外人不宜打扰穆斯林。穆斯林对个人卫生极其讲究。许多地方的穆斯林认为人的左手不洁，所以禁止以左手与人接触。一名虔诚的穆斯林一般每天要做五次礼拜。在此期间，切勿干扰。清真寺为伊斯兰教的圣殿。进入清真寺后，衣着不宜暴露，不宜追逐、嬉戏或大喊大叫。进入清真寺要穿长裤，不要穿短裙，进入大殿要先脱鞋。在穆斯林面前，绝对不允许对安拉、穆罕默德信口评论，不允许非议伊斯兰教及其教义，不允许对阿訇无礼。

3. 基督教

基督教，是目前全世界信仰人数最多的一种宗教。与基督教信仰者打交道时，不宜对其尊敬的上帝、圣母、基督以及其他圣徒、圣事说长道短，不宜任意使用其圣像与其宗教标志。对神职人员，一般不应表现不敬之意。"666"在基督徒眼里代表魔鬼撒旦，"13"与"星期五"也被其视为不祥的数目，所有的基督徒都会对其敬而远之，因此不应有意令对方接触它们。就餐之前，基督徒多进行祈祷。非基督徒虽然不必照此办理，但也不宜在其前面抢先而食。在基督教的专项仪式上，讲究着装典雅，神态庄严，举止检点。服装"前卫"，神态失敬，举止随便者，均不受欢迎。教堂为基督教的圣殿。它允许非基督徒进入参观，但禁止在其中打闹、喧哗，或者举止有碍其宗教活动。

第六节　游客心理与需求

游客在不同旅游活动阶段心理活动不同。

（一）初期心理——求安全、求新奇

一个人到异国他乡旅游，摆脱了日常紧张的生活、烦琐的事务，成为无拘无束的自由人，希望自由自在地享受欢乐的旅游生活。一方面到新的地方后兴奋激动，有追新、求异、猎奇、增长知识的心理需求。另一方面，人地生疏、语言不通、环境不同，因而产生孤独感、茫然感、惶恐感和不安全感，存在着拘谨心理、戒备心理以及怕被人笑话的心理，这种不安常表现为唯恐发生不测，有损自尊心、危及财产和生命安全。所以旅游者要调适好心理，着重进行注意力的转移，即将注意力转移到轻松愉快的游览活动中，进入游览的良好心理状态。

（二）过程心理——求全、求放松

在旅游活动过程中，游客之间、游客与导游员之间逐渐熟了，对环境也逐渐认识了，初期戒备心理消除了，开始感到轻松愉快，产生平缓、悠闲、放松的心理，此时一方面往往忘却控制自己，思考能力不知不觉减退，自行其事、个性解放、性格暴露，甚至出现反常言行，放肆、傲慢、无理。比较懒散，时间概念差，群体观念更弱，自由散漫、丢三落四。另一方面求全心理，以为花钱外出，旅游部门应该一切全包，我是花钱买乐，对旅游活动要求理想化，希望在异国他乡能享受到在家中不可能得到的服务，希望一切都是美好的，对旅游服务横加挑剔，牢骚满腹，一旦要求得不到满足，就会出现强烈的反应，甚至出现过火的言行。再一方面，会提出更广泛更深刻的问题，甚至有不友好、挑衅性的问题。对此，旅游部门要十分认真、精心组织活动、耐心解答游客问题，花力气做好旅游团内部的团结、相互帮助工作。而游客则要克服心理上的弱点，保证旅游活动顺利进行。

（三）结束前心理——情绪波动，以我为中心

旅游活动的后期，即将返程，游客心情波动很大，此时旅游者突然感到时间过得太快，东西未买、朋友还要再会、行李又怕超重，他们对尚未结束的游览恋恋不舍，又希望有时间处理个人事务，上街购物，收拾行李。此时旅游部门会留出充分时间让游客处理自己的事情，也会帮助游客对尚未完成的工作进行弥补，甚至让对活动不满、肚中憋气的个别游客有机会发泄不满和怨气，使大家高兴而来，满意而去。

第五章 乡村旅游餐厅服务

第一节 餐厅的基本要求与基本条件

餐厅远离禽畜圈养和屠宰等区域 25 米以上，符合防止环境污染等要求。

（一）硬件设施

农家乐餐厅在硬件设施的配置上，可参考卫生部推行的食品卫生量化分级管理要求，结合农家餐饮服务的特点以及农家餐厅规模的大小，分间或分区设立。

1. 粗加工区

可配备洗菜池 3 个、洗拖把池 1 个。

2. 切配区

可配备切配台、切配工具和足够数量的冷藏和冷冻设备；砧板与器皿注意分类标识用途，生熟分开。

3. 烹调加工设备

可配备烹调设备、排油烟设备、餐具消毒柜、保洁柜和餐具清洗消毒水池。为保持乡土性，以农家土灶为佳。

4. 就餐区

要求"三防"设施要到位，要求无蚊蝇、无蟑螂、无鼠迹。器具要统一化，根据接待能力配备相应数量的餐具和器皿，保证器皿的统一，如果使用地方特色的餐具，效果更佳。

（二）厨房布局

厨房布局整体合理，最好按照"U"型布局，将冰箱、冰柜和加热设备沿四周摆放，留一个或多个出口，供人员和原材料进出，经济整洁。厨房排烟设施最好采用自然风窗，应与夏季主导风向一致；要保证厨房油烟不四处扩散、不污染餐厅，必须借助换气扇等排烟设施。

1. 厨房消防设施

要配备消防器、灭火毯、黄沙等消防措施，一旦出现险情，可以马上得到解决。

2. 厨房天花板

距离地面宜在2.5米以上，并选择能通风、减少油脂、吸附湿气的材料。

3. 厨房墙面

墙壁应该平整光洁，无裂缝凹陷，经久耐用、易于清洁。墙壁至天花板应铺满瓷砖，或墙面瓷砖高度不少于1.5米。

4. 厨房地面

地面用防滑材料铺满，以防滑、耐用、无吸附性以及容易洗涤的材料铺设。

5. 厨房排水沟

排水沟的宽度应该在20厘米以上，深度不少于15厘米，水沟尽量避免弯曲。

食品卫生符合国家规定，从业人员有健康证，知晓食品卫生知识。餐饮服务配备消毒设施，不适用对环境造成污染的一次性餐具。

第二节　制作、盛放、保存和运送菜品

（一）菜肴的制作

不同的菜品其生产工艺过程各不相同，通常包括以下三大阶段：

1. 备料加工阶段

对于菜肴来说，这一阶段主要包括原材料的选择和初加工。

初步加工是指对冰冻原料解冻，对鲜活原料进行宰杀、摘除、洗涤、初步整理、分档取料以及干货涨发。对于面点制品来说，这一阶段包括面团制备和馅心准备两个工序。面团制备包括和面、揉面、饧面、搓条和下剂等步骤。这一阶段是整个餐饮生产的开始和基础，其质量高低及出品时效直接影响下一阶段的生产。

（1）禽类原料加工程序　加工要求是放尽禽血，烫净羽毛，洗涤干净，剖口正确，物尽其用。加工程序是准备用具→宰杀（杀口适当）→烫毛（水温70~80℃）→整理内脏（剖口正确）→分档取料→盛装备用。

（2）肉类原料加工程序　加工要求：分档正确，整理干净，物尽其用。加工程序：准备用具→分档取料→整理洗涤→分类存放。

（3）水产类原料加工程序　加工要求：除尽污秽杂质，按用途加工，及时盛装，避免污染。加工程序：准备用具盛器→宰杀→去污秽杂质→整理洗涤→分档取料→保鲜包装→分类存放。

（4）蔬菜类原料加工程序　加工要求：按规格整理，洗涤得当，确保卫生，合理放置。加工程序：准备用具盛器→摘除整理→剔削洗净→盛装备用。

（5）油发原料涨发程序　涨发要求：熟悉原料性质特点，正确掌握油温，完全发透。涨发程序：准备用具盛器→原料洗净→温油浸透→热油涨发→去油脂→漂洗→备用。

2. 配份阶段

配份阶段主要包括原料切割成形、配菜等工序。这一阶段是菜肴用料及其成本的关键。在这一阶段对每一菜品的配份数量制定标准，严格称重，论个计数，以确保菜品的分量合乎要求。同时，制定相关配菜工作程序，健全出菜制度，防止和杜绝配错菜、配重菜和配漏菜等现象的出现。

3. 烹调阶段

烹调阶段是菜肴最终完成阶段，它包含了原料初步熟处理、调味、上浆挂糊、炉灶烹制及成品盛装等工序。这也是菜肴生产过程中最复杂、并最终决定产品质量的阶段。烹调时应按规定的原料比例投料，对一次烹制的数量、出品速度、出品顺序、盛装的器皿、装饰等要有明确的规定。对不合格的菜肴，要分析原因，采取相应措施，避免类似情况再次发生。

（二）盛放、保存和运送菜品

菜肴的质量包括菜肴本身的价值和外围价值两个方面。前者主要指菜肴的营养卫生，易于消化，色、香、味、形俱佳，温度、质地适口，能满足客人生理方面的需求，后者主要指菜肴上桌前后服务态度好，服务周全而富有效率，就餐环境舒适，能满足客人享乐、美食等更高层次的需求。

菜肴由厨房加工完成后，便交由服务员出菜服务，即保存运送菜品服务。这一阶段主要应抓好备餐服务和上菜服务两个环节。许多菜品在上桌前要备齐相应的佐料、卫生器具及用品，如许多冷盘、蒸、炸、白灼类的菜品需要配带佐料；一些菜肴跟配特殊餐具或用具才方便食用。因此，应对备餐服务加强管理控制以保证菜品质量。

在餐厅服务工作过程中，从运送菜品，餐前摆台、餐中提供菜单、酒水和客人更换餐具等一系列服务，到餐后的收台整理，托盘是服务员必不可少的工具，下面介绍托盘的使用方法：

1. 理盘

要将托盘洗净擦干。

2. 装盘

要根据物品的形状、大小、使用的先后，进行合理装盘，一般重物、高物在内侧；先派用的物品在上、在前，重量分布要得当；装酒时，酒瓶商标向外，以便于宾客看清。

3. 托盘

用左手托盘，左手向上弯曲成90度角，掌心向上，五指分开，用手指和手掌托住盘底（掌心不能与盘底接触），平托于胸前，略低于胸部，并注意左肘不与腰部接触。起盘时左脚在前，右脚在后，屈膝弯腰，用右手慢慢地把托盘平拉出 1/3 或 1/2，左手托住盘底右手相帮，托起托盘撤回左脚。

4. 行走

必须头正、肩平、盘平，上身挺直，目视前方，脚步轻快而稳健，托盘可随着步伐而在胸前自然摆动，但幅度要小，以防菜汁、汤水溢出。

5. 落盘

要弯膝不弯腰，以防汤汁外溢或翻盘；用右手取用盘内物品时，应从前后左右交替取用，随着托盘内物品的不断变化，重心也要不断调整，左手手指应不断的移动，掌握好托盘的重心。

第三节　餐桌布置、餐具清洗、消毒和摆放

（一）餐桌的布置

通常餐桌上摆放的餐具和用具主要有：台布、转盘、骨碟、汤碗、瓷勺、筷子、水杯、酒杯等。摆放的规则：

1. 铺台布

选择尺寸合适的台布，需干净，无破损，熨烫平整；手持台布立于桌前一侧，将台布抖开，覆盖在桌面上，平整无皱褶，中股缝向上，台面四周下垂部分相等；铺好台布后再次检查台布质量及清洁程度。

2. 下转盘

装盘的中心应与桌子的中心台布的中心在一个点上，确保转盘面干净无尘。

3. 摆骨碟

将餐具码好放在垫好餐巾的托盘内，左手端托盘，右手摆放。从主人位开始按照顺时针方向依次摆放，碟与碟之间距离相等，与桌边的距离为 2 厘米。

4. 摆汤碗和汤勺

汤碗摆在骨碟的正上方 1 厘米处，汤勺放在汤碗内，勺柄朝右。

5. 摆水杯和酒杯

水杯和酒杯摆在汤碗的正上方 1 厘米处。操作时，手取拿酒杯的杯柄处，不能触碰杯口部位。

6. 摆筷子

筷子应放在骨碟的右侧，筷子距离调味碟 1 厘米，筷子底边距桌边 1.5 厘米。

7. 摆餐椅

围椅从第一主人位开始按顺时针方向依次摆放，餐椅之间距离均等。

（二）餐具清洗、消毒和摆放

餐饮具使用前必须洗净，消毒，符合国家有关卫生标准，未经消毒的餐具不得使用。餐具清洗消毒应严格按照一刮，二洗，三冲，四消毒，五保管的程序进行。

1. 一刮

将剩余在餐具内的食物残渣刮入废弃桶内。

2. 二洗

将刮干净的餐具用洗涤剂清洗干净。

3. 三冲

将经过清洗的餐具用流动水冲去残留在餐具表面的碱液或洗涤剂溶液。

4. 四消毒

采用有效的消毒方法杀灭餐具上的微生物或病毒。

（1）煮沸消毒　将餐具放在 100℃ 的沸水中煮，时间不少于 10 分钟，适合煮沸消毒的餐具如饭桶、汤桶、容器、蒸饭盘子、各类瓷质餐具。

（2）蒸汽消毒　将餐具置于 95℃ 以上的蒸笼里或消毒柜中

不少于 15 分钟。

（3）消毒液消毒 将餐具置于消毒勾兑的水中不少于 30 分钟，例如不能用热力消毒的塑料餐具、用具、器皿、茶杯布等，用 250 毫克/升的 "84" 消毒液浸泡 5 分钟，消毒液配制浓度用 "浓度试纸" 测试，再用净水冲去表面残留的消毒剂沥干水汁。消毒后的餐具不得用毛巾、餐巾擦干。

5. 五保管

将消毒后的餐具及时放入餐具柜内保存备用，摆放时餐具底应朝上，口应朝下，摆放要整齐，避免与其他杂物混放，防止餐具重复污染。清洗消毒后的餐具符合卫生要求，已消毒和未消毒的餐具应分开存放，并有相应的明显标识。保洁柜要定期清洗、擦拭、保持清洁。

第四节 点菜、上菜、餐中服务和结账

（一）点菜服务

当客人落座后或客人示意要点菜时，服务员要立即上前递上菜单。宾客看菜单时，服务员要静候在一旁，并准备好纸、笔，随时准备为客人点菜。

（1）服务员应主动询问客人的消费喜好与禁忌，并介绍本餐厅的特色菜、时令菜和当日的特价菜，但不可硬性推销。

（2）客人点菜后，服务员要清楚准确记录下客人所点菜肴名称及特殊要求，如宾客所点菜肴已卖完，应向客人道歉，并主动介绍与客人所点菜肴原料或口味相近的菜肴，而不应简单地说 "没有"；如客人所点菜肴是菜单上没有的，应先询问厨房是否能烹制，如厨房能够做，客人又接受所开出的价格，则应为客人下单；如果客人点了相同的菜或汤应主动提示客人；如客人所点菜肴的烹制时间较长，应向客人事先说明。

（3）客人点完菜后，服务员应将客人所点的菜肴名称及特殊要求复述一遍，经客人核对无误后，方可开单。同时，还应主动询问客人需要什么酒水饮料等。

（4）服务员开出的点菜单一式三联，一联留在台面，一联交厨房，一联交传菜部。在点菜单上要清楚地记下台号、日期、下单时间并签名。

（二）上菜服务

（1）上菜的顺序：冷菜、热菜、甜菜、汤菜、主食，最后上水果（粤菜先上汤）。

（2）上菜时要先上其所需佐料、配料；要用手直接帮助食用的菜肴，应先送上洗手盅。

（3）随时留意宾客台面上的菜是否上齐，若客人等了很久还没上菜，要及时查单，看是否有错漏，或及时催菜。上最后一道菜时，要主动告诉客人菜已上齐，并询问客人还有什么需要。

（三）餐中服务

餐中服务即席间服务，主要环节如下。

1. 上菜服务

上菜时并报菜名，对于有些风味菜、特殊菜肴还应介绍菜肴的制作方法、口味特点等。如果菜肴配有调料和配料，应先上调料和配料，再上菜肴。如桌上的菜肴较多无法放下下一道时，应征求客人的意见将大盘换成小盘或将口味相近的菜肴折合在一起。

2. 撤换餐具

撤换餐具前应先征询客人意见，待客人允许后再进行撤换。撤换餐具时，服务员应左手托盘，将干净的餐具整齐地码放在一起，从客人的右侧撤下脏餐具，换上干净的餐具。

3. 撤换烟灰缸

当烟灰缸中有两个以上的烟头时，应为客人及时撤换烟缸。撤换烟灰缸时，应先提醒客人。服务员可用左手托托盘，右手将一只干净的烟灰缸覆盖在脏烟灰缸上，一起移入托盘，再将另一只干净的烟灰缸放回餐桌原处。禁止吸烟的场所应有明显标志。

4. 斟酒服务

（1）确定餐位上的酒水杯 为宾客斟倒酒水时，要先征求宾客意见，根据宾客的要求斟倒各自喜欢的酒水饮料，如宾客提出不要，应将宾客位前的空杯撤走。如果餐位上缺少需要的酒水杯，应立即补上。

（2）避免酒水滴在客人身上 服务员要将酒徐徐倒入杯中。当斟到酒量适度时停一下，并旋转瓶身，抬起瓶口，使最后一滴酒随着瓶身的转动均匀地分布在瓶口边沿上。这样，便可避免酒水滴洒在台布或宾客身上。此外，也可以在每斟一杯酒后，即用左手所持的餐巾把残留在瓶口的酒液擦掉。

（3）斟酒时要控制好斟酒的速度 瓶内酒量越少，流速越快，酒流速过快容易冲出杯外。因此要做到：随时注意瓶内酒量的变化情况；以适当的倾斜度控制酒液流出速度；斟啤酒速度要慢些，也可分两次斟或使啤酒沿着杯的内壁流入杯内。

（4）碰倒酒杯事件的处理方法 由于操作不慎或宾客不慎而将酒杯碰翻时应做到：应向宾客表示歉意或立即将酒杯扶起，检查有无破损，如有破损要立即另换新杯。如无破损，要迅速用一块干净餐巾铺在酒迹之上，然后将酒杯放还原处，重新斟酒。在斟软饮料时，要根据宴会所备品种放入托盘，请宾客选择，待宾客选定后再斟倒。

（四）结账与送客服务

1. 结账服务

客人要结账时，服务员应立即告知收银员，并将核对无误的账单用专用的收款夹呈递给客人。呈递时应礼貌地说："先生/女士，这是你的账单。"收款时，要向客人道谢。如客人对账单金额有疑问时，应向客人礼貌的解释。

2. 送客服务

当客人就餐完毕起身离座时，服务员应拉椅协助；服务员要礼貌地提醒客人不要遗忘物品；客人离开餐厅，服务员应将客人送出餐厅，向客人致谢道别，同时欢迎客人再次光临。

（五）餐后工作

（1）检查客人有无遗留物品，如有，则应立即交还客人。

（2）按餐、酒具种类收拾台面。

（3）按要求重新布置台面，摆齐桌椅，清扫地面，补充必备品，等候迎接下一批客人的到来。

第五节　酒水服务

（一）酒水知识

1. 中国白酒

白酒又称"白干"或"烧酒"，是以谷物和红薯为原料，经发酵、蒸馏而制成的。因酒液无色、透明而得名为白酒。酒精度在38～65度之间。中国有着悠久的酿酒历史。随着酿酒技术的不断提高，白酒的品种也日益增多，并且向着低酒精度发展。中国白酒是以高粱、玉米、大麦、小麦、红薯等为原料，经过发酵、制曲、多次蒸馏、长期贮存而制成的酒精度较高的液体。

2. 啤酒

啤酒是一种营养价值比较高的谷物类发酵酒。它是以麦芽为主要原料，添加酒花，经过酵母菌的发酵而成的一种含有二氧化碳、起泡、低酒精度的饮料酒。啤酒适宜于低温饮用，一般啤酒在饮用前都要进行冰镇处理。在我国，啤酒的最佳饮用温度大约夏季6～8℃，冬季为10～12℃。在此温度下，啤酒的泡沫最丰富，既细腻又持久，香气浓郁，口感舒适。另外，夏季使用冰镇过的玻璃杯效果更佳。如果客人要喝热啤酒，可先将酒杯在热水中浸泡一会儿，再注入啤酒，也可直接将注满啤酒的杯子浸入

40℃的热水中，对啤酒进行加温。

（二）对客人服务中常见的问题及解决办法

1. 如何处理客人损坏餐具

客人损坏餐厅的餐具一般都是无意的，服务员应先礼貌、客气地安慰客人，而不能责备客人，使客人难堪；帮客人清理被损的餐具，对客人的失误表示同情，关切地询问客人有无碰伤并采取相应措施；要在合适的时间、用合适的方式告诉客人需要赔偿。

2. 如何处理服务中不慎弄脏客人的衣服（物）

先诚恳地向客人道歉，并赶快用干净毛巾帮客人擦掉（如果是女士，让女服务员为其擦拭），服务中要多关注这位客人，提供满意的服务，以弥补过失；征询客人的意见，帮助客人清洗，并再次道歉，对客人的原谅表示谢意；服务员决不可强词夺理，推卸责任。

3. 如何处理客人对菜肴质量不满意

若客人提出的菜肴质量问题可以重新加工得以解决的情况，如口味偏淡、成熟度不够等，服务员应请客人稍等，马上让厨房再次进行加工；若客人对菜肴原料的变质或烹饪的严重失误提出质疑，服务员应向经营户汇报，由其出面表示关注与致歉。

第六章　乡村旅游客房服务

第一节　客房基本要求、设备和设施

客房是宾客生活的室内环境，其设计应结合所处的地理环境，因地制宜、就地取材，突出农家居住方式，自助性高，客人会感到十分轻松自由。客房装饰应与当地文化紧密结合，突出乡村情趣。房间规格通常以通铺、家庭式、套房式为主，应该体现农家屋宽敞的特点，房间内人均面积不宜小于 6 平方米，客房净面积不能小于 14 平方米，标准间高度不低于 2.7 米，装修较好、照明充足、家具齐全。电视机和空调配备率不低于全部客房数量的 60%。每间客房均设卫生间，卫生间面积不小于 4 平方米，有抽水马桶或冲水便池，装有面盆、浴缸或淋浴等设备，并采取有效的防滑措施，保证 24 小时供应冷水、16 小时供应热水。

（一）客房布置的基本要求

1. 安全

安全性首先表现在对火灾的预防上，客房内的建筑材料、家具、陈设、布件应尽量采用难燃或不燃的材料，电源的线路、开关、灯具的设置都要有可靠的安全措施；其次还应注意保护客人的财产安全，门窗锁件和卡扣要保证质量；最后还要保护客人的隐私，要求墙壁、门窗保证隔音，为客人营造一个安静的休息环境。

2. 健康

客房布置的健康性首先表现为客用物品的干净与卫生，必须保证一客一用，防止传染性疾病的传播；空调器要定期清洗进气滤网，保证室内空气的清洁；室内照明的布置应考虑客人在房间内的自由活动。

3. 舒适

客房是客人休息的场所，因此客房的布置要体现一定的舒适感，可以考虑以下几个方面：

（1）家具的摆设是否得当，是否有利于客人行走和在房内的生活起居需要。

（2）卧具的选择是提升舒适性的首要因素，所以床垫要保证硬度适中、透气，床上用品要柔软、细腻。

（3）窗帘的选择要有纱窗帘和布窗帘两层。

（二）客房的种类

农家乐住宿接待所需客房的种类主要包括：

1. 单人间

房间内只放一张单人床，适用于单身客人。

2. 双人间

房间内放置两张单人床，可供两人居住，也可供一人居住。带有卫生间的双人间称为"标准间"。

3. 多人间

房间内放置三张或三张以上单人床。

4. 大床间

房间内放置一张双人床，可供夫妻旅游者居住，也适合单身客人居住。

（三）客房的主要设备和用品

1. 客房设备

（1）床 床由床架、床垫和床头软板组成。

（2）床头柜 床头柜的长度为60厘米左右，高度必须与床的高度相匹配，通常为50~70厘米，宽度单人用的是37~45厘米，两人用的为60厘米。

（3）淋浴 淋浴应带有冷热水龙头，还应有活动的晒衣绳供客人晾衣物用。

（4）便器　便器分坐式和蹲式两种。

（5）洗脸盆与云台（洗脸台）　洗脸台一般镶嵌在由大理石面、人造大理石面或塑料板面等铺设而成的云台里，上装有冷热水龙头。云台的大小一般无统一规格，相对于标准身高的人来说一般以 76 厘米为宜，在墙面配一面大玻璃镜。

（6）座椅和茶几（或小圆桌）。

（7）写字与化妆台　写字台和化妆台可以分开配置或兼做两用，并装有抽屉。它的宽度应与其他家具宽度统一（40～50厘米），高度 70～75 厘米。梳妆凳高度为 43～45 厘米，最小的膝盖上净空为 19 厘米。写字化妆合用台所靠的墙面应设有梳妆镜。

（8）电视机柜　电视机柜的高度一般为 45～47 厘米或 65～70 厘米，正好是人坐在沙发或椅子上时，视线低于或平视电视机屏幕的高度。

2. 客房用品（按 2 个单床位计）

（1）挂衣架 2 个。

（2）烟灰缸 1 个。

（3）纸篓 1 个。

（4）热水瓶 1 个。

（5）床上用品　褥子 1 条、床单 1 条、被子 1 床、枕头1 个。

（6）皂盒 1 个。

3. 客房设备用品的管理

（1）需要核定设备用品　根据实际顾客接待需要，核定好客房内所需要的设备用品。

（2）妥善处理设备事故　如果发现设备出现事故隐患，应及时联系设备售后服务人员进行处理；如果由于客人原因导致设备出现异常，应向客人合理索赔，并及时维修。

（3）做好设备用品的补充和更新　客房设备用品的补充和更新，要依据其类型的不同而有不同的要求。一般来说农家乐经营户所配备的设备用品为多次性消耗品，补充和更新应根据其质量、使用和保养而定，只要没有大问题就可以继续使用。

第二节　客房服务基本礼仪

（一）客房服务人员基本素质标准

（1）身体健康。

（2）不怕脏、不怕累，能吃苦耐劳。

（3）有较强的卫生意识和服务意识。

（4）有良好的职业道德和思想品质。

（5）掌握基本的设施设备维修保养知识。

（6）应变能力。

（二）礼仪规范

1. 仪容仪表

（1）头发　男士不盖领、侧面不盖耳；女士后不垂肩，前不盖眼。

（2）面容清洁　男士胡子刮干净，女士淡妆。

（3）服装　干净、整齐、无污渍；熨烫平整；扣子扣好；衣服合体。

（4）鞋　穿黑色皮鞋，擦拭光亮，无破损。

（5）袜　男士穿深色袜子，女士穿肉色丝袜。干净无开线。

（6）饰物　只准戴手表，戒指，不得戴其他饰物。

（7）表情　微笑、目光平视、自然。

（8）形体　站姿重心向上，双肩水平一致，无小动作，行走不摇摆、不僵直。

（9）礼貌　礼貌用语、不插话、不打断话，尊重司仪及裁判，语气、语调平和、自然。

2. 礼貌礼节

（1）称呼礼节　问候客人时应使用恰当的称呼，如"先生"、"太太"、"女士"等。

（2）接待礼节　客人入住时表示欢迎和问候，遇到客人时主动问好，送别客人时表示欢送和再见，注意平等待客。

（3）不随意打断客人的谈话。

（4）不偷听客人的谈话。

3. 举止规范

（1）注意"三轻"　即走路轻、说话轻、动作轻。

（2）举止要端庄稳重　落落大方，表情自然诚恳、和蔼可亲。

（3）手势要求规范适度　在向客人指示方向时，要将手臂自然前伸，手指并拢掌心向上指向目标，切忌用手指或笔杆指点。

（4）在客人面前任何时候不能伸懒腰、挖耳鼻、剔牙等。

（三）提高客房服务质量的途径

1. 客房的最佳服务要突出"真情"二字

要真正提升客房服务质量，就要在完成单纯的任务服务的同时实行情感服务，这是一个服务态度的问题。服务员为客人提供的服务必须是发自内心的，努力做到热情、主动、周到、耐心。

2. 讲效率

对客人服务要突出快而准，即服务动作要快速准确，服务程序要正确无误，满足客人的合理需求。

3. 随时做好服务的准备

包括随时做好心理和物质两个方面的准备，做好充分的准备是优质服务的基础。

4. 做好"可见"服务

客房服务工作面对的不是机器、原料，而是有思想、有情感的活生生的人，服务员要明白服务的价值，明确"见物如见人"

的道理，才能随时地把自己的工作置于客人的监督之下，从而为客人留下深刻的印象。

5. 树立全员销售意识

受过良好训练的服务员懂得如何为客人提供满意的服务，懂得如何在他们为客人提供服务的同时，向客人推销或推荐自己，这是经营业主本身的利益需要，也是优质服务的体现。

6. 礼貌待客

对客人服务要使客人真正满意，取决于两个方面：一是服务项目本身应具备的实际效用，如客人用品本身质量的好坏；二是服务员的具体表现以及和客人的相互关系。由于客人缺乏对具体服务项目的专业知识和直接接触的机会，所以当他们评价一项服务是否满意时，人际关系、服务态度方面比服务项目效用方面有更高和更直接的评判作用。因此，注重礼节礼貌是客房服务最重要的职业基本功之一。

第三节　问询接待与房间安排

（一）客房预订服务

1. 散客电话订房服务

（1）接听电话　电话铃响三声内接听。

（2）问候客人　用礼貌用语自报家门，"您好，这里是某某农家宾馆"，语调要诚恳热情。

（3）询问客人订房要求　询问客人预计抵达日期、预住天数、人数。

（4）介绍房间　从高到低报房型、房间价格，注意报价范围应合理。

（5）询问客人姓名、联系方式　询问客人姓名，留下客人联系方式，并复述确认，以方便日后联系。

（6）询问客人抵达方式及时间　询问客人抵达方式及时间，

是否需要接站；向客人说明，如无明确抵达时间，房间只能保留到入住当天下午 18：00 时。

（7）询问客人特殊要求　询问客人有无特殊要求，如有则详细记录。如客人的要求宾馆做不到或不能代办，应用礼貌的语言婉拒或指引客人用另外的方式解决。

（8）复述预订内容并确认，结束预订　将客人预抵日期、所需客房种类、数量、房间价格、特殊要求等向客人复述一遍，以确认预订。确认无误后，向客人致谢，恭候客人光临。

2. 旅游团队电话订房服务

（1）接听电话　电话铃响三声内接听。

（2）问候客人　用礼貌用语自报家门，"您好，这里是某某农家宾馆"，语调要诚恳热情。

（3）询问对方单位　确认对方旅行社名称。

（4）询问客人订房要求　询问客人预计抵达日期、预住天数、人数，所需客房种类、数量。

（5）查看房态，确认或婉拒预订　查看电脑，确定能否接受客人订房；如果标准间不能满足客人需求，可向对方推荐其他房型；如果能够满足客人需求，则确认预订；如果实在不能满足对方需求，则诚恳向对方致歉，婉拒客人预订。

（6）确定价格与付款方式　按照团队价格报价，与对方确定价格、付款方式并填写在预订单上。

（7）请对方做担保付款　请旅行社发传真作担保付款，并在客人地点前发送客人资料，以便分配房间。

（8）询问客人抵达方式及时间　询问客人抵达方式及时间，是否需要接站或接机，所需车辆类型和数量，并详细记录在预订单上。

（9）询问客人特殊要求及预订代理人情况　询问客人用餐情况（餐别和标准），有无特殊要求，详细记录在预订单上。询问代理预订人情况、姓名、联系电话等，一同记录在预订单上。

（10）复述预订内容并确认，结束预订　将客人预抵日期及时间，接站或接机车型，离店时间，所需客房种类、数量、房间价格、特殊要求，客人用餐情况，付款方式等向客人复述一遍，以确认预订。确认无误后，向客人致谢，恭候客人光临。

（二）宾客入住服务

1. 客人到达前的准备工作

客房接待与服务工作是以满足客人的不同需要为基础的，客人到来前应做好以下准备工作：

（1）服务人员提前进入工作状态　客房服务人员要讲究仪容仪表，按规定着装，佩戴好工作号牌，整洁自然，端庄大方。

（2）掌握客情　宾客到达前，客房服务人员要根据总台送来的宾客名单或住宿通知单了解客人的姓名、房号、生活习惯、禁忌、爱好、宗教信仰等情况，以便在接待中提供有针对性的服务。

（3）整理房间　要在客人到达前 1 小时整理好其预定的房间，保持整洁、整齐、卫生、安全。设施设备要齐全完好，生活用品要充足，符合客房等级规格和定额标准。

（4）检查房间设备、用品　房间整理完后，管理人员要全面检查房间的设施设备和用品，特别是对重要客人的房间要逐项进行检查。

（5）调好房间的空气和温度　客人到达前要根据不同地区的气候和实际需要，调节好房间的空气和温度，保持空气清新。

（6）准备好香巾和茶水　客人入住前，服务人员要根据入住通知单提前准备好香巾和茶水，以便客人入住后及时服务。

2. 无预订散客入住服务

（1）迎接客人　当客人抵达饭店时，首先表示欢迎。了解客人的用房要求，根据宾馆客房出租情况确定可否安排客人住宿。如因客满无法安排，应征询客人意见，看是否需要帮助其联系其他农家宾馆；如有空房，应向客人介绍宾馆现有可供出租的房间种类和价格，确认客人能够接受的房价、折扣、房间种类、离店日期。

（2）为客人办理入住手续　请客人在住宿登记表上填写相关内容，问清付款方式，按照规定收取押金，并请客人在登记表上签字。核对客人身份证号码等证件及内容。分配房间后，应再次确认房价和离店日期，把填写好的房卡及钥匙交给客人。

建立住宿游客登记制度是公安部门的要求，出于国家及公众安全的需要；可以有效地保障经营户的利益，防止客人逃账；可以保障经营者自身及客人生命、财产的安全。通过住宿登记，查验客人有关身份证件，可以有效地防止或减少不安全事故的发生。

（3）提供其他帮助　入住手续办好后，由客房服务员带领客人前往房间，并预祝客人住宿愉快。

（4）信息储存　接待客人完毕后，立即将有关信息输入电脑，包括客人姓名的正确拼写、地址、付款方式、离店日期等。把房租、付款方式、旅游状况等有关资料记录在登记表上，并检查信息的正确性。

3. 已预订散客入住服务

（1）迎接客人　当客人抵达饭店时，首先表示欢迎。工作繁忙时，应先向客人致意，请客人稍候片刻，并表示会尽快为其提供服务；如客人等候时间较长，应向客人致歉，迅速办理手续。在电脑中或预订本上找到预定，不要轻易对客人说"没有订单"。

（2）为客人办理入住手续　请客人在住宿登记表上填写相关内容（或帮助客人填写），确认付款方式，并请客人在登记表上签字。核对客人身份证号码等证件及内容。分配房间后，应再次确认房价和离店日期，把填写好的房卡及钥匙交给客人。

（3）提供其他帮助　在办理入住手续过程中，要查看客人是否有留言、传真及特殊要求、注意事项。入住手续办好后，由客房服务员带领客人前往房间，并预祝客人住宿愉快。

（4）信息储存 接待客人完毕后，立即将有关信息输入电脑，包括客人姓名的正确拼写、地址、付款方式、离店日期等。把房租、付款方式、旅游状况等有关资料记录在登记表上。检查信息的正确性。

4. 团队入住服务

（1）准备工作 在团队抵达前，应预先准备好团队房间的钥匙，并与客房服务员联系确保所有房间为整理好的可入住房间。根据团队要求提前分配好房间。

（2）接待团队 当团队抵达饭店时，首先表示欢迎。与领队确认房间数量，并把房间钥匙交给领队。与领队确认人数、早餐、叫醒时间、收行李时间及离开时间等。检查有效证件、由领队安排房间。在电脑中将该团队入住的房间改为入住状态，并通知客房服务员该团队已到达，做好服务工作。

（3）信息储存 接待客人完毕后，及时将有关信息输入电脑，把有关资料全部记录在团体资料表格上，检查信息的正确性。

第四节 客房整理

客房清洁整理又称为做房。客房服务员一般每天要整理十间以上的客房，而每间清洁完毕的客房，都必须保证干净卫生舒适，工作量相当大，所以服务员必须掌握客房清扫的基本方法，这样才能提高工作效率，避免重复劳动。

（一）客房的清扫规定

客人一旦入住房间，该客房就应看成客人的私人空间，因此服务员必须遵守一些规定。

（1）房间清扫一般应在客人不在房间时进行。

（2）养成进房前先敲门通报的习惯。

（3）讲究职业道德，尊重客人生活习惯。

（4）不得将客用布件用作清洁擦洗的工具。

（5）不得乱动客人的东西。

（6）不能让闲杂人员进入客房。

（二）客房清洁程序

1. 了解客房状态

服务员在清洁整理客房前，必须了解房间状态，然后根据房间状态确定清扫顺序和清扫要求。

（1）确定清扫顺序

①旺季清扫顺序。空房（空房可以在几分钟之内打扫完毕，以便尽快交由总台出租）→总台指示要尽快打扫的房间→走客房→要求"请速打扫"的房间→重要客人（VIP）的房间→其他住客房间。

②淡季清扫顺序。总台指示要尽快打扫的房间→要求"请速打扫"的房间→重要客人（有 VIP 卡）的房间→已走客房→其他住客房间→空房。

在实际清洁过程中，可根据实际情况灵活掌握。如"请勿打扰"房一般在客人取消要求前不予打扫。

（2）准备工作车，备齐清扫工具。

2. 客房整理的程序

（1）客房整理的一般原则

①从上到下：衣柜、门等设施应从上到下进行擦拭。

②从里到外：房间地面除尘、卫生间地面擦拭等工作应从里到外进行。

③先铺后抹：客房的清洁中应先铺床、后抹尘，否则做床时当期的灰尘不能及时加以清理。

④环形清理：在整理、擦拭和检查客房用品时，应注意按照顺时针或逆时针进行，以提高效率和避免遗漏。

⑤干湿分开：不同的家具设备应注意抹布的使用，如擦拭灯

罩等用干抹布，而凳子、电镀器具等用湿抹布擦拭后，必须用干抹布彻底擦净。另外，清洁卧室和卫生间的抹布必须分开。

（2）客房的清扫程序

客房的清洁分为卧室清洁和卫生间清洁两部分。按照客房卫生清扫程序逐渐清扫房间和卫生间。

①敲门：进房前应敲门或按门铃，每次3下。应注意敲门时力度适中，声音不可过大，并报称"客房服务员"；敲门后应在门外等候10秒钟，给客人反应的时间；如果3~5秒内客房内没有回答，第二次敲门并通报，此时服务员需在此等待。

②开门：重复两次仍没有回答时，可用钥匙慢慢地把门打开。开门时，应先将房门打开1/3，用手指轻敲两下房门并通报，不能猛烈推门。

③进房：进房后，如果客人在房间，应礼貌地向客人讲明身份，征询是否能够打扫房间；若进房后发现客人在卫生间或正在睡觉，应立即退出房间，并轻轻关上房门；若客人已醒但尚未起床，或正在更衣，应立即道歉退出房间。

如果客人不在房间，或征得客人允许打扫房间时，应将房门完全敞开，并将工作车挡住房门的2/3处靠墙停放，然后进行清扫工作。在清扫房间的过程中，应注意清扫一间就只开启一间，不能同时打开几个房间，以免客人物品被盗。

④通风、清理房间垃圾：拉开窗帘，关闭空调，打开门。勿用猛烈手法拉动窗帘。

将卫生间垃圾和房间垃圾、烟灰缸的烟头倒入垃圾桶内，检查烟头是否熄灭，清理纸篓，然后将烟缸放到卫生间内。不可将烟头倒入马桶。清理垃圾杂物时，注意节约能源，保护环境。凡是具有再利用价值的物品，应及时回收并合理使用。

⑤撤杯具、床单：撤出客人用过的茶杯、漱口杯等。逐条撤下用过的被罩、床单和枕套，放进工作车，并带入相应数量干净床单、被罩和枕套。撤床单和被罩时要抖动一下，以确定未夹带

客人用品、衣物等。

⑥做床：首先调整床垫，注意床垫的翻转（每季上下翻转一次）使床垫受力均匀，床垫与床座保持一致。其次是铺床单。将折叠的床垫正面向上，两手将床单打开，利用空气浮力定位，使床单的中心线定在床垫的中心线上，两头垂下部分相等。包边包角时注意方向一致，角度相同，紧密，不露巾角。第三步套被套。将被芯平铺在床上，将被套外翻，把里层翻出；使被套里层的床头部分的两角，向内翻转，用力抖动，使被芯完全展开，被套四角饱满；将被套开口处封好，将棉被床头部分翻折25厘米，注意使整个床面平整、挺括、美观。最后检查床铺整体效果。

⑦清理卫生间：打扫卫生间进门前先开照明等和排气扇（禁止打开浴霸灯），将脚踏垫置于卫生间门口，清洁桶放于卫生间中间。刷洗烟灰缸，撤出客人用过的毛巾、漱口杯、香皂、牙具及其他杂物；清理纸篓；注意勿将客人的自备用品撤出。

清洗面盆及梳妆台：在海绵上倒上适量清洁剂，擦洗面盆、梳妆台以及水龙头等金属器件，冲净、抹干、擦亮；要求干净无水渍、污迹，无毛发，电镀部位明亮。

清洗浴缸：先关闭浴缸活塞，放少量热水和清洁剂在浴缸中，用浴缸刷刷洗浴缸内外、墙壁、金属器件，打开浴缸塞，放掉污水；用清水冲洗浴缸、墙壁等，最后抹干、擦亮；要求浴缸干净无水渍、污迹，无毛发，电镀部位明亮。

清洁马桶：放水冲洗马桶，在马桶内喷上马桶清洁剂，用马桶刷刷洗马桶内壁，放水冲净，用专用抹布擦净马桶外壁及盖板；马桶外壁无水渍、污迹，内壁无污迹，清洁无异味。

卫生间抹尘：准备好干湿抹布，依次擦拭卫生间门内外、镜面、梳妆台四周墙壁等。

补充棉织品及用品：将干净棉织品按宾馆规定折叠、摆放；补充卫生间各种低值易耗品，按规定摆放整齐。

清洁卫生间地面：用专用湿抹布从里到外，沿墙角平行擦拭整个地面。

检查有无遗漏之处。撤出清洁用具，关灯，将门半掩。

⑧清理卧室：房间抹尘。抹尘从房门框开始按逆时针或顺时针抹，由上至下，由里向外，凡伸手可及的地方都要抹，不留死角；在抹尘的同时应检查房内设施设备的使用是否正常，房间用品是否齐全，如有问题及时报修；抹尘用的抹布应注意分开，卫生间用抹布和房间用抹布必须分开，客房抹尘时还应注意干湿分开，灯罩、灯泡、电视机等要用干抹布来擦拭。

补充卧室用品：按照宾馆规定的房间用品配置和摆放标准补充客人用品，注意将商标面对客人。

房间除尘：用半干的拖把拖地，从里到外进行，并顺手将家具摆放整齐。

环视房间，检查家居用品是否摆放整齐，物品是否短缺，有无遗漏之处。检查完毕后取出房卡，关闭房门。

注意：在客房清洁过程中，禁止翻动客人贵重物品、杂志或其他用品。

（三）客房设备的维护保养要点

客房设备的维护保养主要是木制家具的保养。其保养要点有：

1. 防潮

木制家具如果受潮就容易变形、腐朽、开胶，因此摆放时一般要离墙 5～10 厘米，房间要经常开窗通风以保持室内干燥，避免将潮湿的物品放在家具上。此外，在日常除尘时，要用拧干的软质抹布擦拭，如有难以擦掉的污迹，可用抹布蘸上少许清洁剂或牙膏擦拭，也可用家具蜡。

2. 防水

如果家具上有水迹，应及时用干抹布擦拭。

3. 防热

家具平时要避免阳光曝晒，以防色泽减退。在家具上放置热水杯时，最好放置杯垫。

4. 防虫蛀

平时要在壁柜、抽屉里放置一些樟脑丸防止虫蛀。

（四）常见清洁器具的种类、用途、使用及保养

（1）水桶　装水或清洁剂。

（2）撮子　装垃圾。

（3）笤帚　清洁垃圾。

（4）百洁布　清除一般污渍。

（5）胶手套　用于清洁工作，防止酸性物质腐蚀皮肤。

（6）刷子　清墙边角的污渍。

（7）拖布　清洁地面。

（8）垃圾袋　装垃圾。

（9）垃圾桶　装垃圾。

（10）马桶刷　清洁马桶使用。

（11）钢丝棉　清洁顽渍及蜡渍。

（12）抹布　抹尘使用。

（13）废床单　保护清洁过的地面。

（14）清洁桶　装水或清洁剂。

（15）水瓢　配制清洁剂。

所有清洁用具不用时要放置在干燥的环境中，使用一段时间后应做除垢保养处理。

第五节　行李服务、查房与退房结账

（一）行李服务

1. 客人入住时的行李服务

（1）出门迎接　行李员主动迎接抵达饭店的客人，为客人打开车门，请客人下车，并致以亲切问候；帮助客人从车内取出行李（如遇易碎或贵重物品应妥善搬运），请客人确认行李件数，以免遗漏；迅速引导客人走进店门，到前台进行入住登记。

（2）引领客人入店办理入住手续　行李员引导客人至前台，把行李放置在离前台1.5米以外的地方，系好本店的行李牌，手背在身后直立站在行李后方，直到客人办理完毕全部入住手续。

（3）引导客人至房间　客人办理完毕入住手续后，行李员应清晰地将客人的房间号码登记在行李牌上。如果几位客人同时入住，应在办理完毕手续后，请每位客人逐件确认行李，在行李牌上写清客人的房间号码，并礼貌地告诉客人在房间等候，然后迅速将行李送入房间。

（4）房间服务　引导客人到达房间门口，把行李放在房门外左侧并简短地向客人介绍紧急出口及客人房间在宾馆内的位置；开门之前向客人介绍如何使用钥匙开门；为客人打开房门，介绍电源开关，并把钥匙插入门内；请客人先进入房间，行李员进入后把行李放在行李架上；向客人介绍如何使用电视和收看各频道节目；向客人介绍电话使用方法以及空调、床头灯开关等电器设施设备；向客人介绍卫生间内的设施，提醒客人注意电源的使用；介绍完毕，询问客人是否还有其他要求，最后祝愿客人住宿愉快。

（5）登记　待送完客人后，回到行李台登记房号、行李件数、客人入住时间。如遇早到而暂时无法进入房间的客人，应将行李放在行李台旁，代客人保管，并标明"入店"字样，待客人房间安排好后，再送入房间；如果客人没有进入房间，而由行李员直接将行李送入客房，须注明"开门"。

2. 行李寄存服务

（1）填写行李寄存牌　有礼貌地递给客人行李寄存牌，并向客人介绍行李寄存牌上需填写的项目，提醒客人本店对散客过期不取的行李仅保留30天；向客人询问所存行李件数及提取行李时间，并在行李寄存牌的上联和下联为客人填写清楚；请客人填写行李寄存牌，写清当天日期、客人姓名、房间号码；行李员同时在单据上写清自己的姓名，撕下下联收据递给客人，并提醒客人凭此提取行李。

（2）保管客人所存的行李　将半天或一天的短期存放行李，存放在屋的外侧，以便搬运；将长期存放品放在存储室的行李架上，如果一位客人有多件行李，应用绳连起放好以免拿错。在行李登记本上登记所存行李情况，标明位置、件数、日期、颜色、存放人姓名和寄存牌编号，如有易碎贵重物品，应作明显标志。

（3）为客人查找和提取行李　礼貌地收回客人寄存行李牌下联收据，并向客人询问行李的颜色、大小及存放时间，以便查找。根据收据上的编号，翻查行李登记本，找到行李。如果查找有困难，可请客人帮助查找。把行李取出后，交由客人核实，确认后撕掉行李上的寄存牌和客人的寄据，划去行李存放登记本上的原始存放记录。帮助客人将行李搬运出店或送到房间。如果客人遗失收据，应报告当班领班或经理，检验客人身份，核实无误后，方可登记后领取。

3. 客人离店时的行李服务

（1）接到服务要求　当客人离店打电话要求收取行李时，行李员需要问清客人房间号码、行李件数和收取行李时间。

（2）登记　行李员在客人离店登记单上填写房间号码、时间、行李件数，并根据房间号码去取客人行李。

（3）收取行李　在3分钟之内到达客人房间，轻敲3下并告知客人"行李服务"，待客人打开门后向客人问候和客人一起确认行李件数，并帮助客人检查是否有遗留物品，如果发现有遗留物品，应还给客人或上交行李部主管。行李员把客人行李放置在行李台旁，并告知领班该客人房间号码，站在一旁等候客人。

（4）帮助客人离店　确认客人已付清全部房费并办理完毕离店手续后，引导客人出店，帮助客人将行李放入车内；为客人打开车门、护顶（有民族或宗教禁忌的人士除外）并请客人上车；向客人礼貌告别"欢迎您下次光临"。

（二）查房流程

1. 查房制度包括的内容

检查客房又称查房。一般来说，查房制度应包括以下内容：

（1）服务员自查 服务员在整理客房完毕并交上级检查之前，应对客房设备的完好、环境的整洁、物品的布置等作自我检查。这些在服务员的日常工作程序之中要予以规定。它的好处有：

①加强员工的责任心。

②提高客房的合格率。

③减轻领班查房的工作量。

④增进工作环境的和谐与协调。

（2）领班查房 通常，一个早班领班要对负责区域的每间客房都进行检查并保证质量合格。鉴于领班的工作量较重，也有些酒店只要求其对已走客人房、空房及贵宾房进行普查，而对住客房实施抽查。总之，领班是继服务员自查之后第一道关，往往也是最后一道关。因为他们认为合格的就能报告前台出租给客人，所以这道关责任重大，需要由训练有素的员工来担任。领班查房的作用有：

①拾遗补漏：由于繁忙、疲惫等许多原因，再勤勉的服务员也难免会有疏漏之处，而领班的查房犹如加上了双保险。

②帮助指导：对于业务尚不熟练的服务员来说，领班的检查是一种帮助和指导。只要领班的工作方法得当，这种检查可以成为一种岗位培训。

③督促考察：领班的普查也是促进服务员自觉工作的一种策动力，想侥幸过关是不明智的。领班的检查记录是对服务员考核评估的一项凭据，也是筛选合格服务员的一种方法和手段。需要强调的是：领班查到问题并通知员工后，一定要请员工汇报补课情况并予以复查。

④控制调节：领班通过普查可以更多地了解到基层的情况并

反馈到上面去，而酒店管理者又通过领班的普查来实现其多方面的控制和调节。领班检查工作的标准和要求是上级管理意图的表现。

（3）经理查房　这是了解工作现状、控制服务质量最为可靠而有效的方法。对于客房部经理来说，通过查房可以加强与基层员工的联系并更多地了解客人的意见，这对于改善管理和服务非常有益。客房部经理还应在每年至少进行两次对客房家具设备状况的检查。因为经理人员的查房要求比较高，所以被象征性地称为"白手套"式检查。这种检查一般都是定期进行的。

2. 查房流程及要求

这与整理客房的程序和标准基本一致。查房时应按顺时针或逆时针方向循序渐进，发现问题应马上记录，及时解决。

日常查房的项目内容及标准为：

（1）房间

①房门：无指印，锁完好，完全指示图等完好齐全，请勿打扰牌及餐牌完好齐全，安全链、窥镜、把手等完好。

②墙面和天花板：无蛛网、斑迹、无油漆脱落和墙纸起翘等。

③护墙板、地脚线：清洁、完好。

④地板：除尘干净，无斑迹、烟痕。

⑤床：铺法正确，床罩干净，床下无垃圾，床垫按期翻转。

⑥硬家具：干净明亮，无刮伤痕迹，位置正确。

⑦软家具：无尘无迹，如需要则作修补、洗涤标记。

⑧抽屉：干净，使用灵活自如，把手完好无损。

⑨电话机：无尘无迹，指示牌清晰完好，话筒无异味，功能正常。

⑩镜子与画框：框架无尘，镜面明亮，位置端正。

灯具：灯泡清洁，功率正确，灯罩清洁，接缝面墙，使用正常。

垃圾桶：状态完好而清洁。

电视与音响：清洁，使用正常，频道应设在播出时间最长的一档，音量调到偏低。

壁橱：衣架的品种、数量正确且干净，门、橱底、橱壁和格架清洁完好。

窗帘：干净、完好，使用自如。

窗户：清洁明亮，窗台与窗框干净完好，开启轻松自如。

空调：滤网清洁，工作正常，温控符合要求。

客用品：数量、品种正确，状态完好，摆放合格。

（2）卫生间

①门：前后两面干净，状态完好。

②墙面：清洁、完好。

③天花板：无尘、无迹，完好无损。

④地面：清洁无尘、无毛发、接缝处完好。

⑤浴缸：内外清洁，镀铬件干净明亮，皂缸干净，浴缸塞、淋浴器、排水阀和开关龙头等清洁完好，接缝干净无霉斑，浴帘干净完好，浴帘扣齐全，晾衣绳使用自如。

⑥脸盆及梳妆台：干净，镀铬件明亮，水阀使用正常，镜面明净，灯具完好。

⑦马桶：里外都清洁，使用状态良好，无损坏，冲水流畅。

⑧抽风机：清洁，运转正常，噪音低，室内无异味。

⑨客用品：品种、数量齐全，状态完好，摆放正确。

（三）退房结账

1. 关注并问候

工作中时刻关注进入大堂的客人情况，及时判断客人的需求。当与客人眼神接触时，应微笑致意。当客人行进到距接待台1.5米处时，停下手中的工作，保持良好的礼仪姿态，面带亲切的微笑。向客人问候"先生/小姐，请问有什么可以帮您的吗？"（可通过日常的经验判断客人的需求）

2. 收回房卡和押金单，报查房

读取房卡信息后，根据电脑内宾客信息用姓氏称呼客人"某某先生/小姐，请问您的房卡和押金单带过来了吗?"。双手接过客人递过来的房卡，将房卡转交接待员，并通知接待员在发卡机上将此间房的刷卡记录清理掉；进入房间主单后，通过系统向房务中心发送退房信息。将客人房间的相关账务明细单，准确、迅速地从账袋中取出。

3. 询问住店感受

征询客人意见，能更好完善酒店的服务，"某某先生/小姐，这次旅途愉快吗? 在我们宾馆感觉如何呢? 希望您能给我们多提意见!"记录客人的意见，感谢客人"谢谢您的宝贵意见!"

4. 结账

等查房结果报下来，立即打印账单给客人确认消费，为客人说明账单内容，"某某先生/小姐，您这次账单金额是某某元，其中包括房费某某元，餐费某某元，洗衣费某某元，请您确认后在右下方签名。"客人结账后，根据客人要求按照酒店的发票管理制度为客人开具发票。

5. 欢送客人

放下手头工作，跟客人说道别语，欢迎客人下次再来。结账手续应控制在 5 分钟/间房的标准，以保证前台办理业务的时间效率；如因其他因素导致结账手续延误，应及时同客人做好沟通解释工作。

第六节　交接班与值班

（一）领班

分早、中、晚三班制，每班 8 小时，24 小时值班制。

（1）提前 30 分钟换好工作服与前个班领班交接班，查看交接班本了解房态及楼层情况及做好准备和安排工作。

（2）召集服务员开班前会，检查仪容仪表考勤，安排工作。

（3）参加每天下午 16：00 时的部门例会。

（4）检查楼层服务员到岗情况，楼梯、工作间等各区域的卫生情况及安全设备完好情况。

（5）检查服务员是否按工作程序和标准进行操作，纠正和指导服务员，检查房间状况，如有故障，给工程部开维修单跟进维修。

（6）检查卫生，已打扫房的卫生、设备是否达标，提醒服务员及时改正。

（7）做好房态记录，方便安排客人。

（8）跟进服务员的对客服务，落实客人的服务要求。

（9）交接班之前做好交接记录，总结本班工作情况，工作用具的清点和交接。

（二）楼层服务员

分早、中、晚三班制，每班 8 小时，24 小时值班。

（1）提前 20 分钟换好工作服，到达工作区，参加班前会。

（2）准时到达岗位，与前一班进行交接班，认真阅读交接班记录，签名。

（3）查看工作车及工作用具准备情况，了解当班房态。

（4）根据房态及本班情况开展日常工作接受领班检查，跟进改善。

（5）用餐时间要与其他员工分开，要快去快回。

（6）检查楼层设备有损坏要及时报领班。

（7）按标准做好对客人的每一项服务。

（8）清洁自己工作间及周边卫生、工作用具的清理、清洁。

（9）交接班时间做好交接班记录，有无特殊情况，认真与下一班交接。

（三）公共区域保洁员（又称 PA 员）

分早、中、晚三班制，每班 8 小时，24 小时值班。

（1）提前20分钟换好工作服，到达工作区，参加班前会。

（2）准时到岗与前一班交接，做好物品及所需再跟进的工作。

（3）清理大厅服务台周围卫生。

（4）巡视负责区内的卫生情况，确定清洁的先后急缓，做到心中有数。

（5）打扫公共卫生间卫生，随时巡检。

（6）检查边角地段，是否干净。

（7）清洁公共区烟缸、茶几消毒。

（8）人多时间要对公共区进行多次清洁，保证卫生。

（9）使用过的清洁机器、工具，清洁干净后放回指定地方。

（10）将工作区内的垃圾，一次性送去垃圾回收点。

（11）准备交接班事宜，确保交班前卫生达标。

每班员工参考以上细则再根据班次实际情况安排要求做到服务优质、卫生达标，方便下一班的工作。

第七节　客房服务中常见的问题及解决办法

1. 在房间紧张的情况下，客人要求延住

处理这类问题的总原则是：优先照顾已住店客人的利益，宁可为即将来店的客人介绍别的农家乐宾馆，也不能赶走已住店的客人。可以先向已住客人解释本店的困难，征求其意见，是否愿意搬到其他农家乐宾馆延住；如果客人不愿意，则应尽快为即将来店的客人另寻房间，或是联系其他农家乐宾馆。

2. 旺季客满，而慕名前来的客人房间得不到解决

安慰客人，歉意地请客人稍候，迅速联系附近同类宾馆，引导客人前去，并礼貌话别。

3. 客人嫌房价太高，坚持要求较大的折扣

首先做好解释，如介绍房间设施，使客人感到这一价格是物

有所值的。并礼貌地告诉客人"您今天享受的这一房价折扣，是我们首次破例的，房间设备好，而且是最优惠的"。如客人确实接受不了，可介绍房价稍低的客房给客人。

4. 客人住宿期间损坏了房间的物品

房间设备或用品被损坏后，服务员应立即查看现场，保留现场，核实记录；经查确认系住客所为或负有责任后，根据损坏的轻重程度，参照规定的赔偿价格，向客人提出索赔；索赔时服务员必须由经营户陪同，礼貌地指引客人查看现场，陈述原始状态，尽可能向客人展示有关记录和材料。如果客人外出，必须将现场保留至索赔结束；如果客人对索赔有异议，无法说服客人，赔偿价格按权限酌情减免。如果客人同意赔偿，让客人付款签字。

5. 做卫生时不小心损坏了客人的东西

做客房卫生时应该小心谨慎，特别对客人放在台面上的东西一般都不应该动，有必要移动时也要轻拿轻放，卫生做完后要放回原处；如万一不小心损坏客人的物品时，应主动向客人赔礼道歉，承认自己的过失："实在对不起，因不小心损坏了您的东西，使您蒙受损失，实在过意不去"；征求客人意见，客人要求赔偿时，应根据具体情况给予赔偿。

6. 整理房间时，客人还在房内

应礼貌地询问客人此时是否可以整理房间；在清理过程中，房门应全开着；清理过程中，动作要轻，要迅速；不与客人长谈。如果客人有问话，应礼貌地注视客人并回答；遇有来访客人，应主动询问客人是否可以继续清理；清理完毕，应向客人道谢，并主动询问客人是否还需其他服务；再次向客人道谢，然后退出房间，并轻声关上房门。

7. 发现客人用房内的面巾或床单擦皮鞋

客人弄脏的面巾或床单，尽量洗干净，若无法洗干净，应按饭店规定要求客人索赔。

8. 客人遗留物品处理

客人在住宿期间或离店时，难免会遗忘或丢失物品，处理客人遗留物品的程序为：

（1）客人遗留物品的辨别标准　遗留在抽屉或衣柜内的物品，如衣服、围巾等；收据、发票、日记、记有电话号码的纸片等；所有有价值的东西，如钞票、首饰、信用卡等；身份证件；器材或仪器部件等。

（2）如客人还未离店　服务员发现房间内有遗留物品，应及时交还给客人。

（3）如客人已经离店　服务员发现房间内有遗留物品，应立即将遗留物品的房号、名称、数量、质地、颜色、形状、成色、拾物日期及自己的姓名等记录详细。随后将物品及清单一道装入遗留物品袋，将袋口封好并在袋的侧面写上当日日期，存入专门的房间放置。

（4）如有失主认领遗留物品　须验明其证件，且由领取人在遗留物品登记本上写明工作单位并签名；领取贵重物品须有领取人身份证件的复印件。

（5）如有客人打来电话寻找遗留物品　服务员须问清情况并积极协助查询。

9. 客人丢失物品处理

客人在住宿期间发生物品丢失，处理程序如下：

（1）安慰并帮助客人回忆物品可能丢在什么地方，请客人提供线索，分析是否确实丢失。

（2）查找过程中，请客人耐心等待或让客人在现场一起寻找。如在客人自己的房间进行寻找时，客人愿意亲眼目睹整个寻找过程，则让客人在现场一同寻找；客人即将离店，但客房还未清扫，应建议客人留在现场目睹整个寻找过程；客人原住房已为新客人租住，就只能由服务员对床底和窗帘后面的部分进行搜索，查找工作不能由丢失物品的客人进行。

（3）经多方查找仍无结果或原因不明时，没有确切事实认定是在客房内被盗的，店方不负赔偿责任，但应向客人表示同情和耐心解释，并请客人留下地址和电话以便日后联系。

（4）将整个过程详细记录。

第八节　客房消防安全常识

（一）消防安全要求

主要包括：要牢固树立"安全第一"的思想；消防"三会"：会报警、会使用灭火器、会疏散逃生；发生火情不要惊慌，应立即使用最近的灭火器进行扑救、报警、服从指挥；发现可疑之人、事故苗头或闻到异味，应立即报告；了解您所在岗位的消防器材安全情况；看到任何场所在冒烟的烟头，都应把它熄灭；不要在炉头或电灯附近放置易燃物品；任何时间都要将盛有易燃品的容器盖子拧紧；如发生电线松动、拧断，电源插座、电器破损，都应立即维修。

（二）客房发生火灾的处理方法

1. 报警

使用最近的报警装置报警，并立即拨打火警电话119；迅速利用附近适合火情的灭火器材控制火势，如灭火器、消防栓等将火势扑灭或加以控制；关闭所有电器开关、通风排风设备，如火势不能控制，应离开火场并关闭沿路门窗，在安全区域等候消防员，并为其提供必要帮助。

2. 通报

火速通知住店客人撤离。一是通过广播和音响向客人通报紧急事态的发生及疏散方法，同时还应有保安或服务员对各客房进行逐个通知；二是鸣警铃，进行全楼报警。

3. 组织疏散

组织指挥客人通过安全通道疏散避难。客房服务员负责指导检查疏散情况，防止不知火情危险的客人再回到他们的房间，疏散中不能停留以免阻塞通道。当检查完所有的房间和公共区域证实没有客人后，客房服务员应立即随其他人一起撤离。当所有人员撤离至指定地点后，要清点客人和员工人数，防止遗漏；如有下落不明和尚未撤离人员，应立即通知消防人员。

4. 指导并帮助客人自救

告诫客人不要乘坐电梯或随意跳楼；衣物燃着时就地打滚或用厚重衣物等熄灭身上的火苗；遇到浓烟时，用浸湿的毛巾或衣物掩捂口鼻、披裹身体，顺墙弯腰低姿转移；大火封门时，要用浸湿的衣物、被褥等堵塞门缝或泼水局部灭火，等候救援；打开朝外的窗户挥动色彩鲜艳的衣物呼唤救援人员。

5. 协助处理好善后事宜

按客房住宿规定，填报物品损失损坏情况，客房待修情况，人员状况及有关过程等。

第七章　烹饪基本技术

第一节　食品卫生常识

（一）食品从业人员的卫生要求

（1）食品生产经营人员每年至少进行一次健康检查，取得健康证后方可参加工作。

（2）上岗前要经过食品卫生知识培训，取得培训合格证后方可上岗。

（3）工作期间要穿戴洁净的工作衣、帽，头发不外露，制冷拼菜和销售直接入口食品时要戴口罩。

（4）不穿工作服上厕所，工作前及便后要将手洗净。

（5）不留长指甲，长胡须，工作时不吸烟，不戴戒指，不涂指甲油，不随地吐痰。

（二）厨房卫生要求

1. 严格遵循饮食业卫生"五个四"制度

（1）由原料到成品实行"四不制度"　采购员不买腐烂变质的原料；保管验收不收腐烂变质的原料；厨师不用腐烂变质的原料；服务员不卖腐烂变质的食品。

（2）食品存放实行"四隔离"　生与熟隔离，成品与半成品隔离，食品与杂物药品隔离，食品与天然冰隔离。

（3）食具实行"四过关"　一洗、二刷、三冲、四消毒。

（4）环境卫生采取"四定"办法　定人、定物、定时间、定质量。

（5）个人卫生做到四勤　勤洗手勤剪指甲、勤洗澡理发、勤洗衣服被褥、勤换工作服。

2. 餐具、茶具、酒具洗刷间的卫生要求

（1）设专用洗餐间，各项建筑设施要达到餐洗间的卫生标准。

（2）餐具要有一洗水池，二刷水池，三冲水池，有专用消毒柜或橱柜。

（3）要有专用保洁柜或橱柜。

3. 冷拼间的卫生要求

坚持"三专一严"：专用加工间或场所；专用加工工具容器；专人操作；严格消毒。

4. 以下5种疾病者不能从事食品服务工作

痢疾、伤寒、病毒性肝炎等消化道传染病（包括病原携带者）、活动性肺结核、化脓性或渗出性皮肤病以及其他有碍于食品卫生的疾病的，不能从事食品服务工作。

（三）食物中毒预防

凡是人们吃了带有细菌、细菌毒素或带有其他有毒、有害物质的食品而引起的急性疾病，称为食物中毒。

1. 食物中毒预防

为防止食物中毒发生，必须从源头上进行预防。

（1）严格从业人员管理　从业人员必须通过身体检查，有执法部门颁发的合格健康证。要及时对从业人员进行岗前培训，如《食品卫生法》等法律法规、原料采购要求、操作技术规程、食品保鲜等内容；经常进行职业道德教育，并加大平时检查与监管。

（2）确保原料采购质量　要从正规渠道购买食用盐、主食原料、水产品、肉类食品等大宗原料，并尽量做到集体采购；不要购买发芽的马铃薯与洋葱、有毒蘑菇与鲜黄花菜、变质的水产品与肉类食品、过期的饮料与熟食或霉变食品等。

（3）严格食品加工程序　在食品加工过程中，严格贯彻所有食品烧熟煮透、生熟分开等卫生要求，以免熟食与待加工的生食交叉污染。烹饪加工所用的原料必须新鲜，在进行粗加工时，肉、禽、水产所用的刀、板、盆与蔬菜的要分开使用。采购的冷冻品要彻底解冻，坚持做到"完全解冻、立即烹饪"的原则。烹饪时要适当增加烹饪加工的时间，保证食品温度达到 70℃ 以上。蔬菜在烹饪前必须彻底清洗干净，采用"一洗二净三烫四炒"的加工方法；特别是扁豆一定要炒熟。加工凉菜要达到"五专"的加工条件：专人负责、专用调配室、专用工具、专用消毒设备设施、专用冷藏设备；制作凉菜的三个关键环节：保证切拼前的食品不被污染、切拼过程中严防污染、凉菜加工完毕后须立即食用。

（4）有毒食物禁用　不吃有毒的蘑菇、发芽的马铃薯（内含龙葵素）、木薯和杏仁（内含氢贰）、有毒鱼类（如河豚、金枪鱼、鲭鱼）和贝类（如贻贝、蛤和扇贝）。尽量少吃白果（内含白果酸）、鲜黄花菜（内含秋水仙碱）、四季豆和生豆浆（含有皂素以及溶血酶），如果食用这些食物经过剔除处理和充分加热是可以消除中毒危险的。

（5）保证洗刷和消毒效果　洗刷是一定要注意除去食品残渣、油污和其他污染物，洗刷干净后放入消毒柜内消毒或采用蒸汽消毒和紫外线消毒。及时处理垃圾，消除老鼠、苍蝇、蟑螂和其他有害昆虫，保证卫生的重要性。

（6）加强个人卫生防疫　养成良好的个人卫生习惯，是预防食物中毒的最佳方法。因此要做到"六要六不要"：

"六要"：饭前便后要洗手；公用餐具要消毒；自己食品要看好；购买食品要查证；生吃水果要削皮；自己要有自信心。

"六不要"：含毒食品不要吃；腌制食品不多吃；海鱼内脏不要吃；不识食物不要吃；不明食物不要吃；摊点饮食不要吃。

2. 食物中毒急救

（1）建立快速反应机制　出现食物中毒后，特别是集体性食物中毒事件，要及时向主管部门和所在地卫生防疫部门反映情况，并及时联系医院，确保第一时间内救治。

（2）及时判断中毒类型　抢救食物中毒病人，时间是最宝贵的。从时间上判断，化学性食物中毒和动植物毒素中毒，自进食到发病是以分钟计算的；生物性（细菌、真菌）食物中毒，自进食到发病是以小时计算的。

（3）有的放矢及时抢救　出现食物中毒症状，有条件的可输入生理盐水；症状轻者让其卧床休息，如果仅有胃部不适，多饮温开水或稀释的盐水，然后应及时用筷子或手指伸向喉咙深处刺激咽后壁、舌根进行催吐。如果发觉中毒者有休克症状（如手足发凉、面色发青、血压下降等），就应立即平卧，双下肢尽量抬高，需由他人帮助催吐，并立即送往医院抢救，不要自行乱服药物。

（4）留取样本有利救治　如果是集体中毒，救护工作要有条理；还应尽可能留取食物样本，或者保留呕吐物和排泄物，以便化验使用。对有人为投毒的事件，应及时报案，同时保留食品炊具等关键证物，交由警察进行立案调查。

（5）食物中毒的急救方法　一旦有人出现上吐下泻、腹痛等食物中毒，千万不要惊慌失措，冷静地分析发病的原因，针对引起中毒的食物以及吃下去的时间长短，先采取应急措施，争取救治时间。

第一步，催吐。如食物吃下去的时间在 1~2 小时内，可采取催吐的方法。立即取食盐 20 克，加开水 200 毫升，冷却后一次喝下。如不吐，可多喝几次，迅速促进呕吐。亦可用鲜生姜100 克，捣碎取汁用 200 毫升温水冲服。如果吃下去的是变质的荤食品，则可服用十滴水来促进迅速呕吐。有的患者还可用筷子、手指或鹅毛等刺激咽喉，引发呕吐。

第二步，导泻。如果病人吃下去中毒的食物时间超过 2 小时，且精神尚好，则可服用些泻药，促使中毒食物尽快排出体外。一般用大黄 30 克，一次煎服，老年患者可选用元明粉 20 克，用开水冲服。老年体质较好者，也可采用番泻叶 15 克，一次煎服，或用开水冲服，亦能达到导泻的目的。

第三步，解毒。如果是吃了变质的鱼、虾、蟹等引起的食物中毒，可取食醋 100 毫升，加水 200 毫升，稀释后一次服下。此外，还可采用紫苏 30 克、生甘草 10 克一次煎服，若是误食了变质的饮料或防腐剂，最好的急救方法是用鲜牛奶或其他含蛋白质的饮料灌服。

经上述急救，中毒者症状未见好转或中毒症状较重，应尽快送往医院治疗。

第二节　食品营养常识

（一）食品营养基本常识

人体需要的营养素主要包括蛋白质、脂肪、碳水化合物（又称糖类）、各种矿物质、维生素和水等六大类。人们的热能消耗主要来源于食物中的碳水化合物、脂肪和蛋白质所含的能量。由于蛋白质、脂肪和碳水化合物的摄入量较大，所以称为宏量营养素；维生素和矿物质的需要量较小，称为微量营养素（图 7－1）。

1. 蛋白质

蛋白质是一切生命的物质基础，没有蛋白质就没有生命。人体内蛋白质的种类多达数万种。其主要功能是：第一，蛋白质是细胞的基本构成部分之一。蛋白质构成细胞核、细胞质、细胞器、细胞膜，并由此构成组织与器官。婴儿发育迅速，需要大量的蛋白质，因此，蛋白质是生命的"根源"。第二，可构成酶、激素、抗体等生理活性物质，以发挥食物消化吸收、增强免疫力等作用。第三，维持体内环境稳定。酸碱平衡、渗透压平衡等均由蛋白质起着重要调节作用，同时水的维持和分布也受蛋白质的

图 7 - 1　人体需要的营养素

影响。

　　主要食物来源：蛋、奶、瘦肉、鱼、豆制品及小麦、大米、玉米等。

　　2. 脂肪

　　脂肪在人的机体内发挥着相当重要的功能：第一，它是体内的能量储存形式。每克脂肪可产生 9 千卡（37. 7 千焦）的热能。第二，脂肪可维持体温，保护脏器。皮下脂肪有隔热保温的作用，体内脂肪组织对人体脏器起支撑和衬垫作用。第三，它可以帮助机体更有效地利用能量，并且是机体的重要组成成分。

　　当然，膳食中的脂肪还有着营养学上的特殊功效：增加饱腹感，人不容易感到饥饿；增加食物的色、香、味，使食物更诱人；可以提供人体需要的脂溶性维生素。因此，人们每日必须从膳食中摄入一定量的脂肪。一般人脂肪摄入量应控制在总热能摄入量的20% ~25% 范围内。脂肪摄入过多会导致肥胖，同时心血管疾病、某些癌症、脂肪肝发生的可能性都会大大增加。

　　脂肪多是从牛奶、蛋黄、植物种子，如花生、大豆、芝麻、核桃等食品中摄取。

3. 碳水化合物

碳水化合物也叫糖类，主要包含的是单糖和双糖。人们每天吃的米饭、馒头、面条中，其主要成分也是糖类，只不过是属于多糖类，也就是通常说的淀粉和纤维。

碳水化合物的主要功能有：第一，提供能量。膳食中的碳水化合物是人类获取能量的最经济和最主要的来源，所有的碳水化合物在体内消化后，主要以葡萄糖的形式被吸收，并迅速氧化给机体提供能量。第二，它是构成机体的重要物质，并参与细胞的多种活动。第三，参与蛋白质、脂肪等营养素的代谢。第四，具有解毒作用。机体肝糖原丰富时对某些有害物质如细菌毒素的解毒作用增强，肝脏中的葡萄糖醛酸具有解毒作用。第五，可增加胃和腹的充盈感。第六，可增强肠道功能，有助于正常消化和增加排便量。

食物中的谷类、薯类、豆类、食糖、水果及蔬菜是碳水化合物的主要来源。

4. 矿物质

矿物质又称为无机盐，它由无机元素所构成，占人体体重的4%。由于矿物质在人体内的含量不同，可分为常量元素和微量元素。凡在人体内总重量大于体重的0.01%的矿物质称为常量元素，如钙、磷、钠、钾、氯、镁与硫等；而总重量小于0.01%者称为微量元素。维持正常人体生命活动不可缺少的必需微量元素有10个，它们是铜、钴、铬、铁、氟、碘、锰、钼、硒和锌。

矿物质在人体具有多方面的功能：它构造人体组织，使骨骼坚硬并可支持身体；存在于细胞、血液、神经、肌肉等组织中，构成人体的柔软组织；矿物质溶于体液，可加强人体的各项生理机能活动，使人体得以维持相对平衡状态。矿物质的补充亦是来源于日常的膳食中。

5. 水

水在人体的含量约占体重的 60%，分布于人体各组织、器官和体液中，并由皮肤及大小便排出体外，同时又不断地从体外摄取水分进行补充，从而使体内的水分得以维持平衡。

如果把蛋白质称为生命的基础，那么水就是生命的摇篮。因为水是营养素的溶剂，是代谢产物的溶剂和体内所有反应的介质。营养素的消化和吸收、物质的交换、血液的循环、新组织的合成及废物，有毒物质的排泄都离不开水。此外，水还可滑润关节、肌肉、体腔、保持皮肤的柔软，调节人体的温度，保护人体的组织和器官。

一般成年人每日需水量为 2 000 ~ 3 000 毫升，可通过食物和饮料获得足够的水分。

6. 维生素

维生素是维护机体健康、促进生长发育和调节生理功能所必需的一类有机化合物。维生素大多不能在体内合成或合成量甚微，必须经常从食物中补充。维生素根据其溶解性可分为两大类：一类是脂溶性维生素，包括维生素 A、维生素 D、维生素 E、维生素 K，它们不溶于水而溶于脂肪和有机溶剂；另一类是水溶性维生素，包括 B 族维生素（维生素 B_1、维生素 B_2、维生素 PP、维生素 B_6、叶酸、维生素 B_{12}、泛酸和生物素等）和维生素 C。

某些维生素是机体内某些酶的重要成分，而酶又是机体进行生化反应的催化剂。因此，没有维生素就没有人体的生命活动。维生素除参与人体最基本的新陈代谢活动外，还具有增强机体消炎、消毒和解毒的功能，可提高人体抵抗疾病的能力。

7. 卡路里

以上 6 种营养素里，碳水化合物、蛋白质和脂肪提供卡路里。卡路里是热量的测量单位，像茶匙或尺寸。卡路里是当你的身体分解食品时释放出的能量。卡路里越多，食物能提供给你的身体的能量越高。当你摄取卡路里的数量多于你身体所需的数量时，你的身体就将多余的能量转化为脂肪。即使无脂肪食物也可能有很高的多卡路里，可能转化为脂肪。

（二）常见蔬菜的营养价值

1. 马铃薯

又称土豆、山药蛋、洋芋等，与稻、麦、玉米、高粱一起称为全球五大作物，因其茎形似马铃而得名。其特点是脂肪含量很低，维生素 C 含量高于胡萝卜，有较多的矿物质及微量元素，特别是镁与钾的含量高。总之，每 500 克马铃薯的营养价值相当于 1 750 克的苹果，优于米、面，有"第二面包"的美称。马铃薯中所含钾及丰富的维生素 C，对于高血压或哮喘病等过敏性反应的患者，也是重要的食物。马铃薯有补气，健脾，和胃，调中，补血和强肾的功用。

2. 莲藕

莲藕原产于我国和印度，已有 3 000 多年的栽培史。质量以藕节肥大、色鲜、黄白而无黑斑，清香味甜；肉质嫩且多汁，无干缩断裂，无损伤，无淤泥者为佳。富含蛋白质、碳水化合物、粗纤维、钙、磷、维生素，另含天门冬素、糖以及氧化物酶等，有生津止渴，清热除烦，养胃消食，养心生血，调气舒郁，止泻充饥，补心补虚之功能。中医还认为藕节可用于止血，莲子对贫血、肝病等疾病有防治效果。

3. 萝卜

在我国有"多吃萝卜少患癌"，"十月萝卜小人参"之说；国外则有"萝卜不是水果而胜于水果"之说。生吃白萝卜可诱生干扰素，对癌症有抑制作用。

萝卜的烹调范围极广，适合磨成泥或炖煮、腌渍等，同时，也被喻为自然的消化剂，对身体极有益。中医认为，萝卜能助消化，生津开胃，润肺化痰，祛风涤热，平喘止咳，顺气消食，御风寒，养血润肤，百病皆宜。但忌与水果同食。在服用人参、西洋参、地黄和首乌时也应忌食萝卜。注意在服用人参、西洋参后出现腹胀时则可以吃萝卜以消除腹胀。

4. 萝卜缨

萝卜缨又叫萝卜叶、莱菔叶，性平、味辛苦，青绿色，也是普通农家的重要菜蔬，只是城里人较少见到，也较少购买。萝卜缨有消食、理气、通乳的功能。一般是将它洗净晾干后淹渍起来，装缸密封，过一段时间后取出，稍佐以油和葱姜。生吃、炒吃均宜，是下饭的良菜。

5. 胡萝卜

又称黄萝卜、红萝卜、丁香萝卜、甘笋、金笋、药萝卜和赤珊瑚等，性平味甘。胡萝卜含有一种极重要的物质——胡萝卜素，胡萝卜与脂肪共炒后，其中的胡萝卜素可以转化为维生素A，因此胡萝卜素又被称为维生素A原。这种维生素A原只有胡萝卜含量较高，约为土豆的360倍，芹菜的36倍，苹果的45倍，柑橘的23倍，一般水果及粮食食物中含量都较少。维生素A缺乏者皮肤粗糙，眼干，易患夜盲症，身体抵抗力差，易发生呼吸系统和泌尿系统疾病，幼儿易影响身体发育。近年来，科学家又发现，维生素A缺乏者癌症发病率要比普通人高2倍多，特别是肺癌的发病率最高。胡萝卜内还含有大量的木质素，也有提高机体抗癌免疫力的功用。胡萝卜中还含有皮素，它是组成维生素P的有关物质，同时，可以促进维生素C用于改善微血管功能，增加冠状动脉流量。胡萝卜还有一种能降低血糖的物质，是糖尿病患者的佳蔬良药。

6. 洋葱

又称王葱、葱头、洋葱头、球葱、甜葱、香葱、圆葱、红葱和皮牙子等，性温而味辛，其鳞茎部分可食用。医学认为洋葱味辛，有清热化痰、解毒杀虫之功效。它含有在蔬菜中极为少见的前列腺素A，这是一种能降低血压的物质，洋葱还是一种良好的抗癌食物，主要是因为它含有丰富的微量元素硒，是一种很强的抗氧化剂，可提高人体的免疫力，对预防乳腺癌、结肠癌、前列腺癌有相当好的功效。洋葱中含有的硫胺素可抑制老年斑和头皮屑，消除皮肤外层及机体内部的不洁废物。其主要的营养成分是糖质，由于洋葱所含的刺激成分主要是烯丙基硫醚，其可去除肉类的腥味，而提高维生素 B_1 在体内的吸收效果，并可促进利尿及出汗。含量较多的肉类菜食，与洋葱搭配时，颇为良好。洋葱炒猪肉，是最能发挥洋葱特征的菜食，除了能预防成人病之外，对于消除疲劳也颇有助益。

7. 竹笋

竹笋所含纤维能消除便秘，对面疱或疙瘩等现象有效。容易长痘的人，往往是喜欢吃油腻菜食，而缺乏蔬菜者，因此有时可炖竹笋来增加食物纤维。竹笋所含蛋白质的质量很优异，包括了人体所需要的赖氨酸、色氨酸、苯丙氨酸，以及在蛋白质代谢过程中占重要地位的谷氨酸和有维持蛋白质构型作用的肌氨酸。另外，竹笋的一大特点是：低脂肪、低糖、多纤维，可以促进肠蠕动，帮助消化；去积食。防便秘，是减肥的佳品。存放竹笋时不可剥壳，否则易失去清香味。

8. 大白菜

大白菜也叫结球白菜。其心叶洁白鲜嫩，质细味美，是供食用的部分。大白菜耐贮存和运输，是秋、冬、春季的重要蔬菜之一。由于在秋、冬、春季大白菜是人们餐桌上的重要蔬菜，甚至是主要蔬菜，所以，尽管大白菜中的维生素 C、维生素 B_2 和钙的含量不是很丰富，却仍然是人们所需维生素的重要来源之一。大白菜含锌的数量之高，在蔬菜中是屈指可数的。含的铜、锰、钼和硒也很丰富。大白菜按其成熟期的不同，可分为早熟、中熟及晚熟 3 种类型。

9. 圆白菜

圆白菜又叫结球甘蓝、包心菜、洋白菜、莲花白。其菜叶洁白脆嫩，食用方法多样。全国各地均有栽培。圆白菜的营养价值比大白菜略强一点，其维生素 C 的含量明显高于大白菜，胡萝卜素的含量也略高于大白菜。圆白菜还含有较多的微量元素钼，维生素 P 的含量在蔬菜中也名列前茅。圆白菜依叶球的形状可分平心形圆白菜、圆头形圆白菜、尖头形圆白菜 3 种类型。

10. 油菜

油菜又叫青菜、黑白菜。其菜叶鲜嫩，可以炒食、煮食，也可以腌渍。油菜在全国均有栽培。油菜是营养很丰富的蔬菜之一。其胡萝卜素和钙的含量都很高，维生素 B_1、维生素 B_2、维生素 PP、维生素 C 和铁的含量也都比较高。

11. 菠菜

菠菜又称赤根菜。其叶片、叶梗色泽翠绿，细嫩柔软，生食、熟食、做馅皆宜。全国各地均有种植。菠菜是营养很丰富的蔬菜之一。它的胡萝卜素的含量很高，维生素 B_2、维生素 C、维生素 PP、铁和钙的含量也比较高，但可惜的是菠菜含有较多的草酸，影响钙的吸收，也不宜和其他含钙多的食物一起食用。补救的措施是先用开水将菠菜烫一下，可除部分草酸。菠菜按叶分为尖叶、圆叶及大叶菠菜等 3 种类型。

12. 茼蒿

茼蒿又称蓬蒿和蒿子秆。其供食用部分是幼苗或嫩茎。它可以凉拌或炒食，吃起来清香爽口。全国南北方均有栽培，每年冬春上市较多。茼蒿叶中含的胡萝卜素、维生素 B_2、钙和磷都较丰富。而茼蒿秆中含的维生素和矿物质较少。

13. 蕹菜

蕹菜又称空心菜，因其茎中空而得名。以其嫩梢和嫩叶为食用部分，幼茎也可以来凉拌。蕹菜生熟食皆宜。产于我国南方。蕹菜是营养很丰富的蔬菜之一。它的胡萝卜素和维生素 B_2 的含量都很高，维生素 B_1、维生素 C、维生素 PP、钙和磷的含量也都比较高。

14. 生菜

又叫叶用莴苣。叶茎鲜嫩清脆，味清香略带苦味。主要供生食，是西餐中常用的蔬菜。嫩生菜含纤维少，加糖做成菜泥，可供婴儿食用。生菜在各个大城市均有栽培，地方种植较多。生菜的营养丰富，它含的胡萝卜素、维生素 B_1、维生素 B_2、钙和铁都比较多。

15. 芹菜

芹菜又叫香芹、胡芹。是一种别有风味的香辛蔬菜。叶柄是它的食用部分。芹菜叶柄鲜嫩，清脆，可炒或拌食。芹菜中含的芹菜酸还有降低血压的作用。我国各地都有栽培。芹菜分本芹（中国类型）和洋芹（欧洲类型）两种。本芹又依颜色分白、绿两个类型。

16. 香菜

香菜又称芫荽、胡荽。具有特殊的香味，为重要的香辛菜之一。食的部分为茎叶，主要供调味或腌制。全国各地均有栽培。香菜是营养非常丰富的蔬菜，它的胡萝卜素、维生素 B_1、维生素 B_2、维生素 PP、钙和铁的含量都很高，维生素 C 和磷的含量也比较高。

17. 茴香菜

茴香菜又称茴香，茴香苗，是一种香辛蔬菜。其嫩茎和嫩叶供做食用部分。其种子可做药用或香料，茴香菜有特殊的香气，人们常用来做馅。茴香菜是营养很丰富的蔬菜的之一。它的胡萝卜素和钙的含量很高，维生素 B_1、维生素 B_2、维生素 C、维生素 PP 和铁的含量也比较高。

18. 韭菜

韭菜是一种主要的香辛蔬菜。韭菜的叶是主要的食用部分，茎、花也可食用。全国各地均有栽培。韭菜是营养丰富的蔬菜，它的胡萝卜素的含量很高，维生素 B_2、维生素 C、维生素 PP、钙、磷和铁的含量也比较高，青韭和黄韭的营养价值低于韭菜。

（三）相克的食品（以下材料仅供参考）

（1）猪肉与豆类相克：形成腹胀、气滞。

（2）猪肉与茶相克：同食易产生便秘；

（3）猪肝与富含维生素 C 的食物相克：引起不良生理效应，面部产生色素沉着。

（4）猪肝与菜花相克：降低人体对两物中营养元素的吸收。

（5）猪肝与豆芽相克：猪肝中的铜会加速豆芽中的维生素 C 氧化，失去其营养价值。

（6）羊肉与栗子相克：二者都不易消化，同炖共炒都不相宜，甚至可能同吃还会引起呕吐。

（7）牛肝与富含维生素 C 的食物相克：牛肝中含有的铜、铁能使维生素 C 氧化为脱氢抗坏血酸而失去原来的功能。

（8）羊肉与豆酱相克：二者功能相反，不宜同食。

（9）羊肉与醋相克：醋宜与寒性食物相配，而羊肉大热，不宜配醋。

（10）羊肉与竹笋相克：同食会引起中毒。

（11）羊肝与红豆相克：同食会引起中毒。

（12）羊肝与竹笋相克：同食会引起中毒。

（13）猪肉与鸭梨相克：伤肾脏。

（14）鹅肉与鸡蛋相克：同食伤元气。

（15）鹅肉与柿子相克：同食严重会导致死亡。

（16）鸡肉与鲤鱼相克：性味不反但功能相乘。

（17）鸡肉与芥末相克：两者共食，恐助火热，无益于健康。

（18）鸡肉与大蒜相克。

（19）鸡肉与糯米相克：同食会引起身体不适。

（20）鸡肉与芝麻相克：同食严重会导致死亡。

（21）鸡蛋与豆浆相克：降低人体对蛋白质的吸收率。

（22）鸡蛋与甘薯相克：同食会腹痛。

（23）兔肉与橘子相克：引起肠胃功能紊乱，导致腹泻。

（24）兔肉与鸡蛋相克：易产生刺激肠胃道的物质而引起腹泻。

（25）兔肉与姜相克：寒热同食，易致腹泻。

（26）兔肉与小白菜相克：容易引起腹泻和呕吐。

（27）狗肉与大蒜相克：同食助火，容易损人。

（28）狗肉与姜相克：同食会腹痛。

（29）狗肉与绿豆相克：同食会使肠胃发胀。

（30）鲤鱼与咸菜相克：可引起消化道癌肿。

（31）鲤鱼与猪肝相克：同食会影响消化。

（32）鲤鱼与南瓜相克：同食会中毒。

（33）鲫鱼与猪肉相克：二者起生化反应，不利于健康。

（34）鲫鱼与冬瓜相克：同食会使身体脱水。

（35）鲫鱼与猪肝相克：同食具有刺激作用。

（36）海带与猪血相克：同食会便秘。

（37）鱼肉与番茄相克：食物中的维生素 C 会对鱼肉中营养成分的吸收产生抑制作用。

（38）生鱼与牛奶相克：同食会引起中毒。

（39）芹菜与黄瓜相克：芹菜中的维生素 C 将会被分解破坏，降低营养价值。

（40）芹菜与鸡肉相克：同食会伤元气。

（41）黄瓜与柑橘相克：柑橘中的维生素 C 会被黄瓜中的分解酶破坏。

（42）黄瓜与辣椒相克：辣椒中的维生素 C 会被黄瓜中的分解酶破坏。

（43）黄瓜与花菜相克：花菜中的维生素 C 会被黄瓜中的分解酶破坏。

（44）黄瓜与菠菜相克：菠菜中的维生素 C 会被黄瓜中的分解酶破坏。

（45）葱与枣相克：辛热助火。

（46）葱与豆腐相克：形成草酸钙，造成了对钙的吸收困难，导致人体内钙质的缺乏。

（47）大蒜与大葱相克：同食会伤胃。

（48）胡萝卜与白萝卜相克：白萝卜中的维生素 C 会被胡萝卜中的分解酶破坏殆尽。

（49）萝卜与橘子相克：诱发或导致甲状腺肿。

（50）萝卜与木耳相克：同食会得皮炎。

（51）辣椒与胡萝卜相克：辣椒中的维生素 C 会被胡萝卜中的分解酶破坏。

（52）辣椒与南瓜相克：辣椒中的维生素 C 会被南瓜中的分解酶破坏。

（53）韭菜与牛肉相克：同食容易中毒。

（54）韭菜与白酒相克：火上加油。

（55）菠菜与豆腐相克：菠菜中的草酸与豆腐中的钙形成草酸钙，使人体的钙无法吸收。

（56）菠菜与黄瓜相克：维生素 C 会被破坏尽。

（57）花生与黄瓜相克：同食易导致腹泻。

（58）南瓜与富含维生素 C 的食物相克：维生素 C 会被南瓜中的分解酶破坏。

（59）南瓜与羊肉相克：两补同时，令人肠胃气壅。

（60）番茄与白酒相克：同食会感觉胸闷，气短。

（61）番茄与地瓜相克：同食会得结石病、呕吐、腹痛、腹泻。

（62）番茄与胡萝卜相克：番茄中的维生素 C 会被胡萝卜中的分解酶破坏。

（63）番茄与猪肝相克：猪肝使番茄中的维生素 C 氧化脱氧，失去原来的抗坏血酸功能。

（64）土豆与香蕉相克：同食面部会生斑。

（65）土豆与番茄相克：同食会导致食欲不佳，消化不良。

（66）毛豆与鱼相克：同食会把维生素 B_1 破坏尽。

（67）梨与开水相克：吃梨喝开水，必致腹泻。

（68）醋与猪骨汤相克：影响人体对营养的吸收。

（69）醋与青菜相克：使其营养价值大减。

（70）醋与胡萝卜相克：胡萝卜素就会完全被破坏了。

第三节　主食制作

（一）面食

1. 炸酱面

材料：六必居的干黄酱 1 袋，天园酱园的甜面酱半袋，鸡蛋 2 个，肥瘦肉丁（去皮）100 克，五花肉切成半厘米见方的小丁，黄瓜，豆芽，胡萝卜，黄豆，大白菜心，青豆，豆腐干，豆角丝适量，大蒜，大葱，姜末。

做法：

（1）鸡蛋打散加入淀粉（鸡蛋会比较嫩，淀粉 1 汤匙）和一点点料酒（去蛋腥 1 茶匙）和盐，油热之后，炒鸡蛋，鸡蛋变黄熟了盛出来待用。

（2）油锅少放一点油，油热之后中火煸炒五花肉丁，待猪油出，加一点点料酒去腥，再加一些生抽，然后将肉丁盛出。

（3）锅内留着煸肉的猪油，用一个碗把黄酱和面酱混合均匀，中火将酱炒一下，这样酱才香。酱出香味了，然后倒入肉丁或者鸡蛋丁，姜末（切特细），转小火，慢慢地熬，酱有自己的咸甜味，不用再加盐和糖，煮 10 分钟左右。

（4）黄瓜、萝卜切丝后，凉水里面泡一下，然后沥干水。豆芽、扁豆（切丝）、黄豆、青豆过开水断生，泡冷水即可。

（5）酱熬好了，即离火加入葱白末，酱就得了。

（6）炸酱面最好是手擀面。煮面的水要多些，放一些盐，这样煮面的时候不会粘连在一起，面不要煮得太烂。面条煮好后，过冷水，冲掉面糊，更加爽滑可口。

（7）盛面拌上 2 勺炸酱，即可食用。

2. 番茄鸡蛋面

材料：面条，番茄，鸡蛋，盐，味精，香油，老姜片。

做法：

（1）两个番茄洗净切片，两个鸡蛋捣碎，蛋液里加盐，一块老姜片切碎；

（2）锅内放油，油热将蛋液倒入炒成蛋花，盛出；

（3）另放油，油热爆香姜碎，将番茄倒入锅内翻炒，待番茄出水了将蛋花倒入同炒一会（如果嫌番茄味太酸的话，可以加一点点白砂糖）；

（4）然后加水煮入味（水可以比做汤的时候稍多一些）。大概可以煮上 5 分钟，然后盛出倒在面碗里，加盐（盐要多一些），味精，香油。

（5）另起一锅放水煮面，面好即盛入装有番茄汤的面碗，撒上香菜，即可。

3. 茄子面

材料：茄子 1 个，青椒 1/2 个，瘦肉 20 克，拉面 1 束（约 120 克）。

做法：

（1）茄子洗净切丁，最好用盐水过一下，炸好后颜色比较漂亮，油温高一点不会吸入太多油。青椒去籽，洗净，切丁，切碎。

（2）水烧开，放入面条煮熟捞出，放入面碗中。

（3）先烧热半杯油，将茄子炸软捞出，顺便将青椒过一下捞出，再将油倒出，然后加入其他调味料和瘦肉末翻炒。

（4）加入茄子和青椒，炒匀盛出，浇在面条上食用。

4. 打卤面

材料：黄花，木耳，香菇，大葱，鸡蛋，肉馅。

做法：

（1）香菇木耳黄花泡发；

（2）锅底放油下肉馅炒熟加入葱花香菇，加酱油、料酒、糖、盐，再加木耳、黄花、鸡精，加适量水同煮；

（3）淋入打散的蛋液，勾芡撒葱花蒜末。浇在面条上食用。

5. 担担面

材料：面条200克，猪肉馅400克，芽菜100克，大葱末25克，姜末10克，蒜茸10克，辣椒面1.5克，芝麻酱10克，油菜心1棵，香菜少许。

调料：老抽，生抽，料酒，米醋，高汤，花椒面，植物油，香油。

做法：

（1）锅热后，倒入猪肉馅炒散待用。

（2）用油将葱、姜、蒜爆香，再放入辣椒面、芽菜、肉末煸炒，加料酒、老抽、生抽、米醋，点少许高汤，出锅时放入芝麻酱、花椒面炒匀。

（3）开水下锅将面条煮熟，捞入碗中。油菜心焯熟待用。

（4）将做好的卤同油菜心，浇在面条上，拌匀食用。

6. 鸡丝凉面

材料：白斩鸡数块、面条、黄瓜、芝麻酱、麻油、糖各1大匙、酱油两大匙、辣椒粉适量。

做法：

（1）面条煮熟，捞出，放入冷水中冲凉，平铺在餐盘中；

（2）白斩鸡切丝，黄瓜洗净、切丝，均放在煮好的面条上；

（3）芝麻酱放入碗中加入麻油搅匀，再加入酱油、糖及两大匙冷开水稀释，淋在鸡丝凉面上即可。

7. 麻酱面

材料：切面 150 克，麻酱一大匙，葱花一中匙，精盐半小匙，味精半小匙，熟色拉油一中匙，沸水 500 克。

做法：

（1）取一汤碗，倒入沸水，将切面投入，高火 5 分钟；

（2）将面放入有调料的碗中拌匀即可。

8. 榨菜肉丝面

材料：瘦肉 150 克，榨菜半个，葱 2 根，拉面酌量，料酒半大匙，酱油半大匙，湿淀粉半大匙。

做法：

（1）瘦肉切丝，拌入调味料，腌 10 分钟，榨菜切丝后先泡水 20 分钟以去除咸味。葱切葱花。

（2）用 3 大匙油先将肉丝炒散，再放入榨菜肉丝同炒，炒匀后盛出。

（3）另用半锅水烧开，放入面条煮熟。

（4）将调味料放面碗内，盛入面条，铺少许炒好的榨菜肉丝并撒葱花少许即成。

（二）米饭

1. 扬州炒饭

材料：青豆，胡萝卜，火腿，香肠，鸡蛋，米饭（最好是隔夜饭）；蒜，葱；色拉油，盐，鸡精。

制作：

（1）首先将胡萝卜、火腿洗净切成小丁块状，越小越好，但是不能切成末状。再将辅料洗净切成末状，将鸡蛋搅碎放入少许葱末在内。

（2）将锅内放上少许色拉油加至 8 成热。将切好的主料，同时也放入切好的蒜沫，放入锅里炒拌，炒到可以闻到香味时（此过程只需几秒钟）再将鸡蛋放入锅内炒拌，（这时需加大火候，这样鸡蛋会很松软，也不易炒糊）。当鸡蛋炒至金黄色时，将其装盘。

（3）再放入少许色拉油加热至八成，将米饭放入锅内翻炒。此时，需将饭中加放少许食盐和鸡精（鸡精不宜放太多，否则太鲜也不好吃）。当米饭炒到在锅里可以蹦起饭粒时，再将刚才炒好的主料及辅料全部返锅炒拌，直到饭粒松软不粘为起锅最佳时间。这样炒出来的米饭，松软溢香，口感极好。

2. 八宝饭

原料：上等白糯米 1 千克，赤豆 500 克，桂圆肉 25 克，瓜子仁 5 克，糖莲子 40 克，蜜饯 200 克，蜜枣 75 克，桂花 5 克，白糖 1.25 千克，植物油 200 克。

制作方法：

（1）将糯米淘洗干净，用冷水浸四五个小时，捞出沥干，撒入垫有湿布的笼屉内，不要加盖，用大火蒸到冒气，米呈玉色时，洒遍冷水，使米粒润湿。再加盖，继续蒸约 5 分钟，一见蒸汽直冒笼顶，即将米饭倒入缸中，加入白糖约 400 克，植物油和开水（约需 400 克）拌和。

（2）将赤豆、白糖（350 克）、桂花制成豆沙馅；将桂圆肉撕成长条；糖莲子一分二；蜜枣去核剁成泥，连同蜜饯、瓜子仁，各分成 30 份。然后用小碗 30 只，碗内抹植物油，将以上各色原料分别放在碗底排成图案，上面薄薄铺上糯米饭，中间放豆沙馅，再放上糯米饭与碗口相平，并轻轻抹平。随后把它放入笼屉，用大火沸水蒸到植物油全部渗入饭内，并呈红色时（约需 1小时），出屉覆入盘内（如不马上食用，可在冷却后再回蒸）即成。

第四节　农家菜品制作

（一）麻婆豆腐

（1）准备材料：豆腐切丁，牛肉切末，豆瓣酱，盐，酒，干红辣椒碎，青蒜，姜末，花椒粉，水淀粉，酱油，少许糖。

（2）锅内加少许菜油，大火加热，油热后依次加入豆瓣酱、盐、干红辣椒、青蒜、姜末、花椒粉、牛肉末、也可将牛肉末用上述调料腌好后一并加入。炒香。

（3）加入切成小块的豆腐。改小火，煮沸。

（4）待豆腐熟后，改大火，加入由水淀粉、糖、酒、味精、酱油调好的芡汁。待芡汁均匀附着后，关火，起锅。

（5）起锅，撒上花椒面，川味十足的麻婆豆腐上桌。

（二）红烧肉

前期准备：五花肉1块，切成1厘米见方的条状。

（1）炒锅洗净，烧热，下两汤匙油，放三四汤匙白糖，转小火。

（2）不停地用炒勺搅动，使白糖融化，变成红棕色的糖液，这也叫炒糖色。

（3）把切好的五花肉倒入，炒均匀，使五花肉都沾上糖色。

（4）加酱油、料酒、生姜、冰糖、盐少许，烧开，再转小火烧20~30分钟。等汁挥发得差不多，加大火收汁。起锅。

（三）冬瓜氽丸子

材料：猪肉馅（要有肥有瘦的）、冬瓜、淀粉、生抽、绍兴酒、葱末、蒜片、姜片、盐、鸡精少许。

（1）猪肉馅加淀粉、生抽、盐、绍兴酒和匀。

（2）加少许油在锅里，烧热，蒜片、姜片爆香。

（3）加适量水，煮沸，然后把猪肉馅捏成一个一个圆圆的小丸子，下进锅里。

（4）中火煮10分钟，下切好的冬瓜片。

（5）煮到冬瓜有点软了的时候，加鸡精和适量盐，冬瓜完全软了就可以关火，撒上些葱碎出锅。

（四）泡椒牛肉丝

（1）牛肉切粗丝调味上浆，泡椒切丝，芹菜切丝。

（2）牛肉下温油锅内滑油取出。

（3）炒香泡椒丝，放芹菜丝翻炒；下牛肉丝炒匀即可。

牛肉低脂肪，芹菜粗纤维，辣椒又可帮助脂肪燃烧，这是一道减肥菜。

（五）炸茄盒

（1）葱、姜、蒜、盐、味精、料酒、酱油，和肉糜拌匀；用水将面粉调成糊状，加少量盐。

（2）茄子切片，每两片一组，一边不能切透，保持粘连，有点像蚌壳；把肉末塞到两片组的茄子中间，两片茄子正好夹住。

（3）把夹着肉的茄蚌放进准备好的面粉糊里面，整个裹一层面糊。

（4）放入油热的煎锅，不断翻面油煎，直至两面黄，出锅。

（六）香辣鱼片

（1）活鱼1条，剖洗干净，取两边的肉，切蝴蝶片，用调味料腌30分钟。

（2）热油炸熟。

（3）锅内余少许油爆香蒜片。再把干辣椒和姜末爆香，加少许水，酱油，糖并煮开。

（4）放鱼片裹上汤汁，淋醋，勾薄芡，撒上葱段，翻匀出锅。

（七）松子玉米

材料：甜玉米1碗，松仁1小碗，辣椒1个，胡萝卜1根，小葱1棵，盐。

做法：

（1）将辣椒、胡萝卜、小葱全部切玉米粒大小的丁。

（2）首先松仁过油。锅内加油，待油温有3成热，就把松仁放入锅中，保持小火，边搅拌边观察，松仁稍微有一点点变色，要赶紧捞出来沥油，利用余温将松仁炸熟。

（3）另起一锅，加底油，同时下葱花和胡萝卜丁煸炒，煸出香味后加辣椒丁，翻炒几下，就可以加入甜玉米粒翻炒了，至熟，加半小勺盐调味，盛盘出锅。

（4）将预备好的松仁，倒入盘中，拌匀，即食。

（八）蚝油烧二冬

材料：冬菇50克（干），冬笋150克。蚝油1大勺，葱丝适量，老抽1小勺，盐、白糖、味精、水淀粉、香油各适量。

做法：

（1）干冬菇洗净，泡发，每个改刀成二三块，泡冬菇的水留用。

（2）冬笋切滚刀块，焯一下，捞出控水。

（3）油烧热，放入冬菇和冬笋，葱丝，爆一下，加入蚝油、老抽、盐、白糖、味精和少许泡冬菇的水，小火烧烩5分钟。

（4）汤汁香浓后，用水淀粉勾薄芡，淋入香油，炒匀即可。

（九）泡椒泥鳅

材料：泥鳅，泡椒，野山椒，醪糟，姜蒜。

做法：

（1）泡椒山椒姜蒜切末。

（2）锅内放油下配料炒香。

（3）下泥鳅煸炒片刻，倒一点泡山椒的水、料酒。

（4）放醪糟，烧四五分钟后调味，不宜久烧，泥鳅易烂。

（十）农家鱼

材料：香葱、姜、蒜瓣、香菜、郫县豆瓣、榨菜、花椒、泡椒，姜。

做法：

（1）先煎鱼，首先鱼洗好后要晾一下水气，之后用厨房纸巾把鱼身上水吸干；煎鱼的锅一定要洗干净，先开火把锅烤干，熄火稍微晾凉后，用生姜把锅擦一下，让锅里有一层姜汁，再开火倒油，油温热后，把火调低，不要太大，这时候把鱼放下去，慢慢煎就可以了。等鱼煎到两面金黄色，即可起锅。

（2）锅内另外倒底油，将花椒、泡姜、泡椒、榨菜、郫县豆瓣下锅爆炒，然后下老抽、醋、黄酒、糖调好味后下鱼加水炖，下葱、蒜。等汁快收干时下香菜，起锅。

（十一）辣子肥肠

材料：猪大肠 500 克，干辣椒 100 克（根据个人口味适当调整），花椒 20 克（根据个人口味适当调整），姜片、蒜片少许，料酒、盐、酱油、糖、鸡精适量。

做法：

（1）将买回来的猪大肠洗净。洗大肠的方法：将买回来的大肠放入盆中倒入一些面粉和盐来回揉搓，直到大肠上的污物洗净后放入水槽中，用流动水冲洗大肠，直到大肠上的面粉洗干净为止。接下来将锅中放水，放入洗净的大肠，再放入料酒、姜片去除腥味，煮至沸腾，取出大肠；

（2）锅中重新放水，加姜片料酒，再将大肠放入锅中，将大肠煮软凉后切小块备用；

（3）干辣椒从中间剪开剪成两段，放入花椒备用；

（4）锅中下油，待油温六成热时倒入大肠，放点盐，转中火慢慢的煸干水分至大肠有些干然后滤干油盛出备用；

（5）将姜蒜片放入刚才的油锅中翻炒出香，倒入准备好的辣椒和花椒，转中火翻炒至辣椒有一点点变色后倒入先前盛出的大肠继续翻炒一小会，放入料酒、酱油、白糖、鸡精继续再翻炒一会至辣椒变成暗红色后关火盛出装盘即可。

（十二）椒盐排骨

材料：猪肋骨 750 克，葱，姜，红椒末，青椒末，鸡蛋 2 个，黑胡椒，味精，花雕酒，椒盐。

做法：

（1）将猪肋骨切成长形小段（5 厘米）洗净，并用布将排骨的水分吸干留用；

（2）然后进行腌制，加盐、黑胡椒、味精、花雕酒、姜末腌制 15 分钟；

（3）油在烧制过程中，将主料调制一个蛋面糊，将它用小勺子搅拌均匀；

（4）将腌制好的排骨均匀涂上鸡蛋糊放入滚油中，炸至金黄起酥捞起上碟；

（5）加入切好的红椒末、葱白末、青椒末和适量的椒盐略微炒香之后，并均匀洒在排骨上，起锅。

第五节　特色食品制作

（一）酸辣狗肉

原料：鲜狗肉 1 500 克，泡菜 100 克，冬笋 50 克，小红辣椒 15 克，青蒜 50 克，香菜 200 克，干红椒 5 只，熟猪油 100 克，精盐 5 克，酱油 25 克，味精 1.5 克，黄酒 50 克，胡椒粉 1 克，桂皮 10 克，葱 15 克，姜 15 克，醋 15 克，湿淀粉 25 克，芝麻油 15 克。

做法：

（1）将狗肉去骨，用温水浸泡并刮洗干净，下入冷水锅内煮过捞出，用清水洗净；放入砂锅内，加拍破的葱、姜，桂皮，干红椒，绍酒 25 克和清水，煮至五成烂时捞出；

（2）将狗肉切成 5 厘米长、2 厘米宽的条；将泡菜、冬笋、小红辣椒切末；青蒜切花，香菜洗净；

（3）炒锅置旺火上，下熟植物油 50 克，烧至八成热时下入狗肉爆出香味，烹入黄酒，加入酱油、精盐和原汤，烧开后倒在砂锅内，用小火煨至酥烂，收干汁，盛入盘内；

（4）炒锅置旺火上，下熟植物油烧至八成热，下入冬笋、泡菜和红辣椒煸香，倒入狗肉原汤烧开；加味精、青蒜，用湿淀粉调稀勾芡，淋入芝麻油和醋，浇盖在狗肉上，周围拼上香菜即成。

（二）盘兔

原料：净兔肉 400 克，一窝丝面条 150 克；白萝卜 100 克；精盐 3 克，味精 2 克，绍酒 10 克，鸡蛋清 2 个，湿淀粉 25 克，葱白 25 克，胡椒面 2 克，清汤 150 克，花生油 750 克。

做法：

（1）将兔肉切 4 厘米长，0.1 厘米粗的细丝，兔丝顺其肉的纹路切，这样上浆及烹制时，兔丝不会断碎；白萝卜洗净，切 4 厘米长，0.1 厘米粗的细丝；

（2）鸡蛋清、湿淀粉调成稀糊；兔肉丝放入蛋清糊内抓匀；

（3）葱去根须，洗净，取葱白切成丝；

（4）炒锅置旺火上，放入花生油，烧至七成热，将一窝丝面条放在特制漏勺内，下油锅炸至鸟巢形，呈柿黄色时捞出，共制 10 个；

（5）净炒锅置旺火上，放入花生油烧至四五成热放入兔丝过油，氽透后倒入漏勺沥油；

（6）炒锅留少许花生油，旺火烧至六成热时下入葱丝炸一下，再先后投入萝卜丝、兔丝，随即下入精盐、味精、胡椒粉，翻两个身使调味均匀；

（7）再添入清汤 150 毫升，用黄酒把湿淀粉稀释勾芡，待汁浓时，盛入鸟巢内装盘，即可食用。

（三）缠丝鸡饼

原料：鸡胸脯肉 150 克，青鱼 150 克，肥膘肉 200 克；鸡蛋清 110 克；白砂糖 1 克，味精 1 克，黄酒 15 克，盐 3 克，姜 5 克，淀粉（玉米）25 克，甜面酱 10 克，植物油 50 克。

做法：

（1）将鸡脯肉剔去筋膜，切成细丝；

（2）砧板上铺一块肉膘，将鱼肉放在上面剁成泥，放入碗中，加上鸡蛋清、干淀粉、水、精盐、白糖、黄酒、味精、姜末搅匀，再放上鸡丝轻轻拌匀；

（3）将肥膘肉切成厚 0.3 厘米的片，然后切成直径 3 厘米的圆片，平摊在案板上，撒上干淀粉，再放上 1 份鱼泥揿平成饼；

（4）将一个鸡蛋清放在碗里，打散，加干淀粉，搅成蛋清糊；

（5）炒勺置中火上，下熟猪油烧至五成热，将鸡鱼泥饼底的肥膘片上涂一层蛋清糊，下锅煎；待全部放入后，用小火（保持油温五成热），一边煎，一边汆，每隔 1 分钟左右将锅晃动一下，如此煎汆三四分钟，换中火煎 1 分钟，再用小火煎至饼底金黄；

（6）鱼泥凝固熟透时，倒入漏勺内沥油，装盘即成，上桌时，随带甜面酱 1 碟佐食。

（四）锅塌豆腐

原料：水豆腐 400 克；鸡蛋黄 130 克，小麦面粉 100 克，虾籽 15 克；大葱 5 克，姜 2 克，植物油 75 克，盐 10 克，味精 5 克，料酒 5 克，各适量。

做法：

（1）豆腐切成 16 片，加盐、味精腌 10 分钟，放入面粉中两面粘裹均匀，再沾上一层蛋汁备用；

（2）大火烧热炒锅，加 500 克油烧至五分热时，下豆腐片炸至皮色金黄即捞出沥油，并修去多余、不均整的蛋衣；

（3）锅内放油 10 克，以大火烧热，下葱花、姜末爆香，陆续下酒、高汤、盐、虾籽、豆腐，再将豆腐翻个面便出锅，盛盘时盘底可垫生菜叶作为装饰。

（五）农家小炒肉

原料：鲜肉、青椒（以尖椒为佳）；剁辣椒、大蒜、姜、食盐、鸡精、酱油、料酒、醋、豆豉。

做法：

（1）辣椒切片（尖椒切成筒状）、鲜肉切片或丝、姜切丝、大蒜切片；

（2）将油烧热，放入姜丝、蒜片，待爆出香味后，将肉丝倒入锅中加适量盐、煸炒至九成熟，盛起；

（3）煸炒青椒少时（根据火的大小调整时间），加少许盐，加一勺剁辣椒，炒匀。将肉丝倒入锅中，翻炒。

（4）加入醋、酱油、料酒、豆豉各适量，继续翻炒少时，加适量鸡精后炒匀，即可装盘。

（六）疙瘩汤

原料：面粉50克，鸡蛋1个，虾仁10克，菠菜20克。辅料高汤200克，香油2克，精盐2克，味精少许。

制作：

（1）将鸡蛋磕破，取鸡蛋清与面粉和成稍硬的面团揉匀，擀成薄片，切成黄豆粒大小的丁，撒入少许面粉，搓成小球；

（2）将虾仁切成小丁；菠菜洗净，用开水烫一下，切末；

（3）将高汤放入锅内，下入虾仁丁，加入精盐，开后下入面疙瘩，煮熟，淋入鸡蛋黄，加入菠菜末，淋入香油；出锅。

第八章　卫生保洁基本常识

第一节　个人卫生与环境卫生保持

(一) 个人卫生

1. 个人卫生要求

服务人员的个人卫生，除了穿着按照服务行业的规定，保持干净整洁外，还要做到"五勤"、"三要"、"七不"和"两个注意"。

(1) "五勤"　"五勤"的具体内容是勤洗澡，勤理发，勤刮胡须，勤刷牙，勤剪指甲。

①勤洗澡：要求有条件的服务员每天洗澡。因为不及时洗澡，身上的汗味很难闻。特别是在夏季，客人闻到后会很反感，这样会影响服务质量。冬天也要每隔一两天就洗澡，应该在工作前洗，以保证服务时身体无异味。

②勤理发：男服务员一般两周左右理一次发，不留怪发型，发长不过耳，不留大鬓角，上班前梳理整齐。女服务员发长不过肩，亦不能留怪发型，上班前应梳理整齐。

③勤刮胡须：男服务员每天刮一次胡须，保持面部干净整洁。洗脸刮胡须后，用一般的、香味不浓的护肤用品护肤。不要香气很浓地为客人服务，这样会引起客人的反感。

④勤刷牙：服务员要养成早晨、晚上刷牙的习惯，餐后要漱口。美丽洁白的牙齿，会给客人留下良好的印象。

⑤勤剪指甲：这是养成良好卫生习惯的起码要求。手指甲内有许多致病细菌。指甲很长很脏，在为客人上菜、斟酒时会让客

人很反感。女服务员不允许涂抹指甲油，因为指甲油容易掉，客人看见手指涂有指甲油会产生联想，认为菜中也会有掉下的指甲油。服务员每星期要剪一至两次指甲，勤洗手，保持手部的清洁，这样可"减少疾病的传播"。

（2）"三要" "三要"的内容是：在工作前后、大小便前后要洗手，工作前要漱口。

（3）"七不" 其内容是在客人面前不掏耳，不剔牙，不抓头皮，不打哈欠，不抠鼻子，不吃食品，不嚼口香糖。

（4）"两个注意" "两个注意"的内容是：服务前注意不食韭菜、大蒜和大葱等有强烈气味的食品；在宾客面前咳嗽、打喷嚏须转身，并掩住口鼻。

2. 服务人员的卫生操作要求

服务人员养成良好的卫生操作习惯，既体现了对客人的礼貌，也是服务素质高的又一体现。具体要求有以下几点。

（1）使用干净清洁的托盘为客人服务。如有菜汤、菜汁洒在托盘内，要及时清洗。托盘是服务员的工具，要养成随时清洁托盘的好习惯。

（2）上餐盘、撤餐盘、拿餐盘的手法要正确。正确拿餐盘的手法是：四个手指托住盘底，大拇指呈斜状，拇指指肚朝向盘子的中央，不要将拇指直伸入盘内。如有些大菜盘过重时，可用双手端捧上台。

（3）运送杯具要使用托盘。拿杯时要拿杯的下半部，高脚杯要拿杯柱，不要拿杯口的部位。任何时候都不要几个杯子套摞在一起拿，或者抓住几个杯子内壁一起拿。

（4）拿小件餐具如筷子、勺、刀叉时，筷子要带筷子套放在托盘里送给客人，小勺要拿勺把，刀叉要拿柄部。

（5）餐用具有破损的，如餐盘有裂缝、破边的，玻璃杯有破口等，要立即挑拣出来，不可继续使用，以保证安全。

（6）服务操作时动作要轻，要将声响降低到最低限度。动作要轻，不但表现在上菜等服务上，而且走路、讲话都要体现出这个要求。

（7）餐厅内销售的各种食品，服务人员要从感观上检查其质量，如发现有不符合卫生要求的，则应立即调换。

（8）对有传染病的客人使用过的餐具、用具，不要与其他客人的餐具混在一起，要单独存放、清洗，及时单独做好消毒工作。

（二）农村环境卫生

1. 农村环境卫生要求

乡村旅游在发展过程中，对周边环境的要求比较高。首先，农家建筑要与景观相协调，具有乡土特色。其次，绿化面积40%以上，各项节能、环保技术推广实施较好，对基本农田的保护措施基本有效。污水处理、油烟排放达到国家标准。第三，周边环境无脏乱差等问题。地面干净无垃圾、无杂物及大片污渍。第四，农家餐厅、宾馆等窗明几净，做到"八无"，即：四壁无灰尘、蜘蛛网；地面无杂物、纸屑、果皮；床上用品无污迹、破损；卫生间无异味；家具干净；电器无灰尘；洁具无污渍；房间卫生无死角。第五，饮用水达到国家标准。食品卫生符合国家规定。第六，无不雅之现象，如谩骂、打架等现象。

2. 农村环境卫生污染

（1）乡镇企业的工业污染　农村乡镇企业污染主要有：大气污染、水污染、固体废弃物污染等。

（2）农村人畜粪便污染　目前农村大多数没有建立对生活粪污的处理设施，对环境的污染日益严重，成为农村水体的主要污染源之一。

（3）农用化学品污染　农用化学品包括化肥、农药、兽药、塑料薄膜、饲料添加剂或食品添加剂等。它们的不合理使用，不仅会污染环境，而且还会危害人畜健康。

（4）农村生活垃圾污染　近年来，随着农民生活水平的不断提高，生活垃圾由过去的厨房剩余物为主，逐渐转变为生活用品废弃物、包装废弃物、建筑垃圾、炉灰等，由于没有及时处理，随处堆放，对环境造成很多不利影响。

（5）焚烧秸秆污染　近些年来，秸秆焚烧已成为大气污染的主要污染源，常导致高速公路被迫封闭，甚至导致飞机不能起落。

3. 农村环境整治

（1）加强宣传教育，提高村民素质　群众是垃圾的产生者，也是垃圾污染环境的受害者，更是环境治理的受益者。农村环境卫生这些问题的存在，其最主要的原因是由于人们的思想观念转变不够，文化素质低，卫生意识差，对这些问题所带来的严重后果考虑得不够。因此，提高人们的总体素质，改变卫生观念是改善环境问题的关键。可以利用各种宣传途径在农村进行大量宣传，加强对乡村环境危机意识的宣传，在村（居）地制作悬挂环境卫生保护、健康教育宣传版面及标语，不断提高农民对环境卫生与健康知识的知晓率，真正做到家喻户晓，人人皆知。用以约束规范村民行为，逐步养成自觉的健康卫生习惯。

（2）发展循环农业　发展循环农业是农村清洁生产的保证，可以使废弃物减量化、资源化、无害化和重组化，是资源节约和可持续发展的绿色农业发展模式，也会成为乡村旅游一大亮点。目前主要有四种模式：一是区域循环模式，通过区域范围关联产业的投入产出关系，促进区域专业化和合理分工。二是能源综合利用模式，如农村风能、太阳能、沼气综合利用等。三是生态养殖模式，如农牧结合畜禽养殖模式和稻田生态模式。四是农业废弃物综合利用模式，将农业废弃物转化为饲料、肥料，或提取附加值更高的产品。

（3）农村沼气综合利用　可以将秸秆、干草、人畜粪便、有机垃圾等废弃物通过发酵，产生沼气，用于照明、做饭等清洁能源，代替煤炭，减少环境污染，也可以作为乡村旅游体验项目之一。

（4）垃圾和粪便的无害化处理　首先进行垃圾分类，及时回收可再用资源，进一步加工利用。其次要建立农村粪污统一处理设施，减少环境污染。

（5）秸秆综合利用　一是直接还田作为肥料；二是用作饲料；三是秸秆压块成行，作为生物质燃料；四可用作食用菌生产原料；五是用作沼气生产原料；六是用作造纸、编织和建筑生产原料。

（6）农用化学品污染防治　一是科学使用化肥，推广测土配方施肥技术；二是严格遵守操作规程，使用生物农药和低毒高效农药；三是严禁使用剧毒农药和国家明文禁止的兽药、饲料和添加剂；四是逐步推广可降解薄膜，尽量对田间的残膜回收利用。

（7）农村水污染防治　加强水资源管理，计划用水；减少工业污水排放，增加循环利用；合理使用农用化学品，严禁人畜污水排放，并尽量净化处理；有条件的地方，建立污水集中处理系统。

4. 推行农村环境卫生公约

（1）农户必须自觉做好家庭卫生工作，做到室内、室外、门前地面天天打扫，家具、门窗定时擦洗、勤洗澡、勤换衣、勤剪指甲、饭前便后勤洗手。

（2）农户卫生间的冲便水、洗澡水、洗衣水、猪舍清洁水等可排放到沼气池的污水一律排放到自家沼气池，没有沼气池的或沼气池不可使用的污水，一律排放到村里统一布局的污水净化池内，做到污水、雨水两分开。

（3）农户门前一律实行"三包"。一包门前和房屋四周卫生清扫，并将垃圾清运到垃圾池内；二包门前和房屋四周排水沟无污水溢流（污水进沼气池或下水道，排水沟要做到定时清理）；三包门前无障碍物和房前屋后无杂物堆放。

（4）大力提倡使用沼气。凡有条件的农户尽早把户用沼气池建好，既可节省日常燃料支出，又可保护环境卫生。凡有条件的农户要求对庭园进行绿化，尤其是新建房的农户，应把庭园绿化规划设计列入建房布局之内。

（5）农户房前屋后既要保持清洁卫生，又要保持美观，存放临时杂物要保证不堵塞交通、人员过往等，并做到及时清理。农户晾晒的衣裤、棉被等不能有损环境美观、整洁。

（6）要爱护公共场所清洁卫生，不得随便吐痰、丢果壳、丢纸屑等垃圾，更不能随处大小便。管好自己的宠物、家禽（鸡、鸭、鹅等）、家畜（猪、牛、羊、狗等）。宠物、家禽、家畜死尸不能随意乱丢，要在村里定点的场地进行消毒深埋处理。

（7）积极配合和认真做好疾病防控工作。幼儿和儿童要按照卫生部门安排的防疫时间按时到镇卫生院打疫苗。家禽、家畜和宠物要定时打疫苗预防各种传染病和疾病发生。做好定期灭鼠工作，严禁使用毒鼠强等剧毒农药灭鼠。死鼠要进行深埋处理。积极推广无公害、绿色、有机农产品标准化基地建设，正确使用非农药防治技术，严禁使用剧毒农药。

（8）道路、公厕每天由村保洁员清扫或冲洗一次，保持整洁、卫生。各农户定时清理房前屋后、路边的杂草。严禁在道路上晾晒物品，保持道路畅通和整洁美观。

第二节　垃圾及污水处理常识

（一）垃圾处理常识

垃圾处理设施的建设，首先应估算垃圾量。垃圾桶的选择，是垃圾处理中一项重要的工作。选择适宜的垃圾桶，做到不破坏乡村的环境景观，同时增添乡村景观特色，成为吸引游客的亮点。垃圾的处理把握以下几点：

（1）集中处理，应予加盖，并维护周围环境卫生。

（2）提供足够数量的垃圾桶，主要步道旁间距 200 米设置一处，其余地段视活动性质与游憩人数规模而定。

（3）设置地点隐蔽，以不影响游憩品质与饮用水品质为前提，避免破坏环境景观。

（4）做好垃圾分类，设置回收桶，纳入垃圾搜集系统以便回收处理。

（5）废弃物储存容器应保持完好，材料与废弃物具相容性，容器外标示所盛装的废弃物类别。

（6）废弃物在清除或存储期间，不得发生飞扬、逸散、渗出、污染地面或散发恶臭等情形。

（7）废弃物储存设施地面应坚固，四周可防止地表水流出，有防止产生的废水、废气、恶臭等污染地面水、地表水、空气等的措施。

（8）对于垃圾桶的设计把握以下几点：位置接近走道、马路，并且有服务车道，以便于收集；须远离地下水源使用区，且以植物阻隔，以免破坏景观及水源卫生；须加盖、分类、便于清理；在全区适当地点摆设，贮放时间一日为宜，以免垃圾发臭；考虑风、雨及日晒，避免垃圾四处飞扬；造型美观独特，应与主题及周围自然环境配合。

（二）污水处理常识

乡村旅游水处理设施，重点建设给水设施和污水下水道设施，重视污水处理方法的选择。给水设施的建设，首先估算给水量，依用水量的多少，来建设给水设施的大小。乡村旅游区的污水来源有两种，一为开发期间产生的混浊污水，另一种为营运期间产生的生活污水与厕所废水。其中，生活污水是主要污水来源。生活污水产生量受游客人数的影响，平常与节假日差异甚大，一般生活污水量的估算方式可按自来水用水量的 80% 来估算。

污水处理设施建设重点包括：

（1）设置污水处理设施或简易污水处理设备，并应防范对海洋及河流等水源的污染。

（2）污水处理设施的规模与性质，视发展规模及休闲游憩功能性质而定。

（3）污水与雨水分开排放，同时避开供水管线，以免造成饮用水污染。

（4）以暗道为主，最小覆土深度不少于1米，以避免管道裸露，造成不雅景观。

（5）排水管线流量设计以高峰污水量的1.5～2倍为宜，材料坚固、耐用。

（6）污水处理厂的位置应使整个区内废水以重力方式送达为原则，尽可能缩短集水管路。

卫生间设计合理，与接待能力相适应，与周边环境和建筑相协调。男女卫生间分开设置，厕位各不少于两个。卫生间设有直接排污水管道，单独设置化粪池，防渗、防腐、密封，能有效处理粪便，污水排放达标。

垃圾箱标志明显，数量充足，主要步道旁间距500米设置一处，造型美观独特，与环境相协调，做好垃圾分类，容器外标示垃圾类别。

参考文献

[1] 陈姮. 旅游交际礼仪. 大连：大连理工大学出版社，2009

[2] 俞仲文，周宇. 餐饮企业管理与运作. 北京：高等教育出版社，2003

[3] 河南乡村旅游 100 问. http：//wenku. baidu. com，2011

[4] 周雪，马柯. 饭店前厅客房服务与管理. 大连：大连理工大学出版社，2009

[5] 范志红. 食品营养与配餐. 北京：中国农业大学出版社，2010

[6] 宋志伟，程道全. 走进现代农业. 北京：中国农业科学技术出版社，2011

[7] 唐协增，杜东平. 中国苗条集锦. 西安：陕西科学技术出版社，1998

[8] 谢定源. 中国名菜. 北京：中国轻工业出版社，2010

[9] 纪轩. 污水处理工必读. 北京：中国石化出版社，2004

[10] 赵由才. 可持续生活垃圾处理与处置. 北京：化学工业出版社，2007